Herbert Gebler und Christiane Eckert-Lill

**Wirth
Praxisbezogenes Rechnen**

LERNEN FÜR DIE PRAXIS PTA

Herbert Gebler und Christiane Eckert-Lill

Wirth
Praxisbezogenes Rechnen

8., durchgesehene Auflage

Govi-Verlag

Bibliografische Information der Deutschen Nationalbibliothek

Die Deutsche Nationalbibliothek verzeichnet diese Publikation in der
Deutschen Nationalbibliografie; detaillierte bibliografische Daten sind im
Internet über http://dnb.d-nb.de abrufbar.

8., durchgesehene Auflage 2012
von Herbert Gebler und Christiane Eckert-Lill

ISBN 978-3-7741-1189-9

© 1983 Govi-Verlag Pharmazeutischer Verlag GmbH · 65760 Eschborn

Alle Rechte, insbesondere das Recht der Vervielfältigung und Verbreitung sowie der Übersetzung,
vorbehalten. Kein Teil des Werkes darf in irgendeiner Form (durch Fotokopie, Mikrofilm oder
ein anderes Verfahren) ohne schriftliche Genehmigung des Verlages reproduziert oder unter Verwendung
elektronischer Systeme verarbeitet, vervielfältigt oder verbreitet werden.

Die Wiedergabe der Gebrauchsnamen, Handelsnamen, Warenbezeichnungen usw. in diesem Buch
berechtigt auch ohne besondere Kennzeichnung nicht zu der Annahme, dass solche Namen im
Sinne der Warenzeichen- und Warenschutzgesetzgebung als frei zu betrachten wären und daher von
jedermann benutzt werden dürfen.

Herstellung: Beltz Bad Langensalza GmbH, Bad Langensalza

Printed in Germany

Vorwort

Mit der 1997 novellierten Ausbildungs- und Prüfungsordnung für pharmazeutisch-technische Assistenten ist das Unterrichtsfach »Mathematik (fachbezogen)«, in früheren Verordnungen als »Fachrechnen« bezeichnet, von 120 auf 80 Stunden herabgesetzt worden. Eine Prüfung findet nicht mehr statt.

Obwohl wir davon ausgehen, dass ein großer Teil der Rechenvorgänge in den einzelnen Fächern geübt werden kann, bedarf es für den Unterricht doch einer zusammenfassenden Darstellung, um die entsprechenden Grundlagen zu legen. Dennoch haben wir diese im vorliegenden Buch gegenüber den vorigen Auflagen erheblich gekürzt und auf die absolut notwendigen Kenntnisse reduziert. Da die Schülerinnen und Schüler hinsichtlich ihrer mathematischen Kenntnisse unterschiedlich vorgebildet sind, wurden im ersten Teil die Grundrechenarten soweit behandelt, wie sie für die anschließenden Abschnitte von Belang sind. Am Anfang jedes Abschnitts werden die Begriffe und Gesetzmäßigkeiten erläutert, auf denen die Berechnung der folgenden Aufgaben beruht. Es wird empfohlen, die angegebenen Merksätze auswendig lernen und anhand der Aufgaben so lange üben zu lassen, bis die Rechenvorgänge bei jeder Schülerin »sitzen«. Jedem Abschnitt sind einige Übungsaufgaben angefügt, deren Ergebnisse im letzten Abschnitt nachgeschlagen werden können. Außerdem sind Tabellen über die »relativen Atommassen«, die »Natriumchlorid-Äquivalente«, die Gefrierpunktserniedrigungen sowie die Verdrängungsfaktoren einiger Arzneistoffe vorhanden, die für einen Teil der Übungsaufgaben benötigt werden.

Christiane Eckert-Lill
Herbert Gebler

Vorwort zur ersten Auflage

Neben Aufgabenbeispielen und Übungsaufgaben für das Fachrechnen der auszubildenden pharmazeutisch-technischen Assistenten enthält das vorliegende Buch grundsätzlich fachkundliche Erklärungen. Der Inhalt entspricht dem zu vermittelnden Stoff.

Die unterschiedlichen rechnerischen Vorbildungen der angehenden pharmazeutisch-technischen Assistenten und jahrelange Unterrichtserfahrung haben mich veranlasst, sehr ausführlich auf die Grundrechenarten einzugehen, da mit ihrer Hilfe ein Großteil der in der täglichen Praxis vorkommenden Rechenprobleme bewältigt werden kann.

Am Anfang eines jeden Abschnitts werden diejenigen Begriffe und Gesetzmäßigkeiten zusammengefasst, auf denen die Berechnung der zu diesem Abschnitt gehörenden Aufgaben beruht.

Jedem Abschnitt schließt sich eine ausreichende Anzahl Übungsaufgaben an, die erworbene Kenntnisse und Erkenntnisse festigen und vertiefen sollen. Jeweils die letzten dieser Übungsaufgaben besitzen einen erhöhten Schwierigkeitsgrad. Die Lösung dieser Aufgaben setzt neben guten Fachkenntnissen vertieftes Denken in rechnerische Zusammenhänge voraus.

Am Ende des Buches befinden sich zusammengefasst die Lösungen zu den Übungsaufgaben mit zum Teil kurzen Lösungshilfen bei besonders anspruchsvollen Aufgaben. Sie schließen sich jeweils an die Lösung an und sollten nur dann herangezogen werden, wenn die betreffenden Aufgaben nicht selbstständig gelöst werden können. Bei diesen Hilfen wurde auf die an sich zwingend dazugehörenden Dimensionen verzichtet.

Sowohl die Beispiele als auch die Übungsaufgaben sind praxisbezogen angelegt. Die Aufgaben wurden mit Taschenrechnern gelöst – und soweit erforderlich – am Ende des Rechenvorganges gerundet.

Allen, die mit Rat und Tat geholfen haben, sei zum Schluss herzlich gedankt.

Arnsberg, im Mai 1983　　　　　　　　　　　　　　　　　　　*Wolfgang Wirth*

Inhaltsverzeichnis

Vorworte 5
Mathematische Zeichen und Abkürzungen 11

1 Grundrechenarten 13
1.1 Arabische und römische Schreibweise 13
1.2 Addition und Subtraktion 14
    Addition 14
    Subtraktion 14
    Brüche 15
    Addition und Subtraktion der Brüche 16
    Relative Zahlen 17
    Klammern 18
1.3 Multiplikation und Division 19
    Dezimalzahlen 19
    Brüche 20
    Relative Zahlen 21
    Klammern 21
1.4 Mittelwertbestimmung 22
1.5 Umgang mit dem Taschenrechner 22
    Rundung der Rechenergebnisse 23
    Überschlagsrechnung 24
1.6 Potenzrechnung 25
    Addition und Subtraktion der Potenzen 26
    Multiplikation und Division der Potenzen 27
1.7 Übungsaufgaben zu den Grundrechenarten 28
    Arabische und römische Schreibweise 28
    Addition und Subtraktion 28
    Relative Zahlen und Klammern 29
    Multiplikation und Division 29
    Mittelwertbestimmung 30
    Potenzrechnung 30

2 Proportionen und »Dreisatz« ... 31
- 2.1 Proportionen ... 31
  - Direkte proportionale Zuordnung ... 32
  - Indirekte (umgekehrt) proportionale Zuordnung ... 34
- 2.2 Proportionalitätsfaktor ... 35
- 2.3 Übungsaufgaben zu Proportionen und Dreisatz ... 36

3 Prozent- und Promillerechnung ... 39
- 3.1 Prozentsatz – Prozentwert – Grundwert ... 39
  - Der Prozentwert wird gesucht ... 40
  - Der Prozentsatz wird gesucht ... 41
  - Der Grundwert wird gesucht ... 42
- 3.2 Vermehrter oder verminderter Grundwert ... 42
- 3.3 Konzentrationsangaben in der pharmazeutischen Praxis ... 44
  - Massenprozent ... 44
  - Volumenprozent ... 45
  - Massen-/Volumenprozent ... 46
  - Volumen-/Massenprozent ... 46
  - Milligramm-Prozent ... 47
  - Promille ... 47
  - Teile pro eine Million Teile (ppm) ... 48
- 3.4 Stammlösungen und Hilfsverreibungen ... 49
- 3.5 Übungsaufgaben zur Prozent- und Promillerechnung ... 51
  - Stammlösungen und Hilfsverreibungen ... 54

4 Physikalische Messgrößen und Einheiten ... 56
- 4.1 Basisgrößen und ihre Einheiten ... 56
- 4.2 Abgeleitete SI-Einheiten ... 56
- 4.3 Andere Messgrößen ... 57
- 4.4 SI-Präfixe ... 57
- 4.5 Stoffmengenkonzentration ... 58
- 4.6 pH-Wert ... 60
- 4.7 Übungsaufgaben zu physikalischen Messgrößen und Einheiten ... 62

5 Pharmazeutische Messgrößen und Einheiten ... 64
- 5.1 Dosierungsmaße für Arzneimittel ... 64
- 5.2 Dosierungen für Erwachsene ... 65
- 5.3 Dosierungen für Kinder ... 66

5.4	Maximaldosis	67
5.5	Berechnung der Isotonie	67
5.6	Verdrängungsfaktoren	73
5.7	Berechnungen nach der Arzneimittelwarnhinweis-Verordnung	76
5.8	Biologische Einheiten	77
	Vitamine	77
	Antibiotika	78
5.9	Übungsaufgaben zu Pharmazeutischen Einheiten und Messgrößen	78
	Dosierungsberechnungen	78
	Isotonieberechnungen	79
	Verdrängungsfaktoren	81
	Arzneimittelwarnhinweisverordnung	81
	Biologische Einheiten	81

6 Stöchiometrische Berechnungen ... 82

6.1	Grundbegriffe	82
	Stoffmenge	82
	Relative Atommasse und Molekülmasse	82
	Molare Masse und molares Volumen	83
	Stoffmengenkonzentration	84
6.2	Grundgesetze der Stöchiometrie	85
	Gesetz von der Erhaltung der Masse	85
	Gesetz der konstanten und der multiplen Proportionen	85
	Gesetz der ganzzahligen Volumenverhältnisse	86
6.3	Stöchiometrische Berechnungen zu chemischen Verbindungen	86
6.4	Stöchiometrische Berechnungen zu chemischen Reaktionen	88
6.5	Übungsaufgaben zu stöchiometrischen Berechnungen	92

7 Berechnungen zur quantitativen Analyse ... 94

7.1	Messgenauigkeit	94
7.2	Gravimetrie	95
7.3	Maßanalyse	96
	Einstellung einer volumetrischen Lösung	97
	Maßanalytische Gehaltsbestimmungen	100
7.4	Übungsaufgaben zur quantitativen Analyse	103

8 Preisbildung ... 106

8.1	Apothekenübliche Waren	106

8.2 Arzneimittel 108
    Verschreibungspflichtige Fertigarzneimittel 108
    Apothekenpflichtige Fertigarzneimittel....................... 109
    Stoffe und Zubereitungen aus Stoffen, die unverändert
    abgegeben werden 111
    Hilfstaxe.. 111
    Liste der Arzneimittelpreise................................ 111
    Liste der Gefäßpreise 113
    Zubereitungen aus einem oder mehreren Stoffen 115
    Rundungsregeln 116
    Rezepturzuschlag 116
    Taxhilfen 119
    Verarbeitung von Fertigarzneimitteln in Rezepturen........... 120
    Preisbildung für bestimmte Rezepturen 121

8.3 Zusätzliche Gebühren 121
    Notdienst 121
    Betäubungsmittel 122
    Sonderbeschaffung....................................... 122

8.4 Übungsaufgaben zur Preisbildung 122

9 Ergebnisse der Übungsaufgaben 126
9.1 Ergebnisse der Übungsaufgaben zu den Grundrechenarten 126
9.2 Ergebnisse der Übungsaufgaben zu Proportionen und Dreisatz .. 128
9.3 Ergebnisse der Übungsaufgaben zur Prozent- und
    Promillerechnung 129
9.4 Ergebnisse der Übungsaufgaben zu physikalischen
    Messgrößen und Einheiten 132
9.5 Ergebnisse der Übungsaufgaben zu pharmazeutischen
    Messgrößen und Einheiten................................. 133
9.6 Ergebnisse der Übungsaufgaben zu stöchiometrischen
    Berechnungen... 135
9.7 Ergebnisse der Übungsaufgaben zur quantitativen Analyse 136
9.8 Ergebnisse der Übungsaufgaben zur Preisbildung 137

10 Tabellen 144
10.1 Relative Atommassen 144
10.2 Natriumchlorid-Äquivalente 145
10.3 Gefrierpunktserniedrigungen der Arzneistoffe 146
10.4 Verdrängungsfaktoren der Arzneistoffe 147

11 Stichwortverzeichnis 150

Mathematische Zeichen und Abkürzungen

Zeichen	Bedeutung
+	plus
−	minus
·	mal
:	geteilt durch
=	gleich
≈	annähernd gleich
~	proportional
≠	ungleich
<	kleiner als
>	größer als
≙	entspricht
⇌	Gleichgewichtsreaktion
%	Prozent
‰	Promille
A_r	relative Atommasse
c	Konzentration
c_m	molare Konzentration (mol · l^{-1})
ΔT	Gefrierpunkterniedrigung (°C)
F	Faktor
l	Liter, Länge
µg	Mikrogramm
Mio	Million
Mrd	Milliarde
m	Masse (mg, g, kg …)
M-	molar
M_m	molare Masse (g · mol^{-1})
M_r	relative Molekülmasse
n	Stoffmenge (mol)
P	Druck (Pa)
ppm	partes per millionem (parts per million)
t	Temperatur (°C)
T	Temperatur (K)
V	Volumen (ml, l …)
V_m	molares Volumen (l · mol^{-1})
x, x_1, x_2	unbekannte Größen

1 Grundrechenarten

1.1 ■ Arabische und römische Schreibweise

Die heute gebräuchlichen Zahlenzeichen sind die **arabischen Ziffern** von 0 bis 9. Neben diesen von den Arabern überlieferten Ziffern werden **römische Zahlenzeichen** verwendet.

Da auf ärztlichen Verschreibungen Mengen auch in römischen Ziffern angegeben sind, werden die Bildungsprinzipien des römischen Zahlensystems hier näher erläutert.

Symbole des römischen Zahlensystems

1	I	10	X	90	XC
2	II	11	XI	100	C
3	III	20	XX	110	CX
4	IV	30	XXX	120	CXX
5	V	40	XL	150	CL
6	VI	50	L	160	CLX
7	VII	60	LX	500	D
8	VIII	70	LXX	1000	M
9	IX	80	LXXX		

Statt VIIII (5 + 4) schreibt man kürzer IX (10 − 1), statt LXXXX (50 + 40) kürzer XC (100 − 10).

Beispiele:

$$129 = 100 + (2 \cdot 10) + (10 - 1)$$
$$\text{C} \quad\quad \text{XX} \quad\quad \text{IX} \quad\quad\quad\quad \hat{=} \text{ CXXIX}$$
$$761 = 500 + (2 \cdot 100) + 50 + 10 + 1$$
$$\text{D} \quad\quad \text{CC} \quad\quad \text{L} \quad \text{X} \quad \text{I} \quad\quad \hat{=} \text{ DCCLXI}$$
$$999 = (1000 - 100) + (100 - 10) + (10 - 1)$$
$$\text{CM} \quad\quad\quad \text{XC} \quad\quad\quad \text{IX} \quad\quad \hat{=} \text{ CMXCIX oder IM}$$
$$1444 = 1000 + (500 - 100) + (50 - 10) + (5 - 1)$$
$$\text{M} \quad\quad \text{CD} \quad\quad \text{XL} \quad\quad \text{IV} \quad\quad \hat{=} \text{ MCDXLIV}$$
$$1979 = 1000 + (1000 - 100) + (50 + 2 \cdot 10) + (10 - 1)$$
$$\text{M} \quad\quad \text{CM} \quad\quad\quad \text{LXX} \quad\quad \text{IX} \quad \hat{=} \text{ MCMLXXIX}$$

> **MERKE**
>
> Steht die jeweils kleinere Zahl rechts von der größeren, wird sie zu der größeren hinzugezählt, steht sie links davon, wird sie abgezogen.

Aus den zehn arabischen Ziffern baut sich das sog. **dekadische Zahlensystem** oder **Zehnersystem** auf. Mit den Zahlen 0 bis 9 lassen sich alle Zahlenwerte beliebiger Größe kombinieren. Daher hat sich dieses Dezimalsystem auf der ganzen Welt durchgesetzt.

Das gesamte Rechnen lässt sich auf vier Grundrechenarten

$$\text{Addition, Subtraktion, Multiplikation, Division}$$

zurückführen. Die wichtigsten von ihnen werden in den folgenden Abschnitten an einigen Beispielen wiederholt.

1.2 ■ Addition und Subtraktion

Zahlen werden bei der schriftlichen Addition und Subtraktion so untereinander gesetzt, dass die Einer unter den Einern, die Zehner unter den Zehnern, Hunderter unter den Hundertern usf., d. h. die gleichen Stellen in der gleichen Spalte stehen. Die Reihenfolge der Zahlenwerte ist für das Ergebnis ohne Bedeutung.

Addition

$$426 + 9847 + 39 + 5 + 10342 = \begin{array}{r} 426 \\ 9847 \\ 39 \\ 5 \\ +\,10342 \\ \hline 20659 \end{array}$$

Bei der Addition und auch bei der Subtraktion ist darauf zu achten, dass nur Zahlen ohne Maßeinheiten ohne Weiteres addiert bzw. subtrahiert werden können. Sollen Zahlenwerte mit Maßeinheiten addiert oder subtrahiert werden, müssen alle Maßeinheiten gleich sein. Ist das nicht der Fall, müssen sie in die gleiche Maßeinheit umgewandelt werden.

Subtraktion
Sollen Zahlen voneinander abgezogen werden, müssen sie in der vorgegebenen Reihenfolge voneinander subtrahiert werden; mehrere Zahlen, die

abgezogen werden sollen, können jedoch addiert und als Summe subtrahiert werden.

$$20\,659 - 10\,342 - 5 - 39 - 9\,847 =$$
$$20\,659 - (10\,342 + 5 + 39 + 9\,847) = 20\,659 - 20\,233 = 426$$

$$13 \text{ ml} + 534 \text{ ml} + 707 \text{ ml} + 1066 \text{ ml} + 20 \text{ ml} = 2340 \text{ ml}$$

aber:

$$759 \text{ mm} + 214 \text{ cm} + 955 \text{ m} =$$
$$759 \text{ mm} + 2\,140 \text{ mm} + 955\,000 \text{ mm} = 957\,899 \text{ mm}$$

Dezimalzahlen werden addiert oder subtrahiert, indem die Zahlenwerte so untereinander gesetzt werden, dass die Kommata untereinander stehen und die Ziffern gleichen Stellenwertes addiert oder subtrahiert werden. Auch hier ist zu beachten, dass Dezimalzahlen mit unterschiedlichen Maßeinheiten in dieselbe Einheit verwandelt werden müssen.

$$1\,089 \text{ mg} + 5\,977{,}3 \text{ g} + 88{,}500 \text{ kg} = \text{ g}$$

$$\begin{array}{r} 1{,}089 \text{ g} \\ 5\,977{,}300 \text{ g} \\ +\,\underline{88\,500{,}000 \text{ g}} \\ 94\,478{,}389 \text{ g} \end{array}$$

$$823{,}627 \text{ m} - 48{,}2 \text{ cm} - 2\,957 \text{ mm} = \text{ m}$$

$$\begin{array}{r} 823{,}627 \text{ m} \\ -\,0{,}482 \text{ m} \\ -\,\underline{2{,}957 \text{ m}} \\ 820{,}188 \text{ m} \end{array}$$

Brüche
Brüche sind Teile des Ganzen. Sie bestehen aus zwei Zahlen, die durch einen waagerechten Strich, den Bruchstrich, getrennt sind, der so viel wie »geteilt durch« bedeutet. Durch Division gelangt man vom gewöhnlichen Bruch zur Dezimalzahl. Die Zahl über dem Bruchstrich heißt **Zähler**, die unter dem Bruchstrich **Nenner**.

$$\frac{5}{8} \quad \begin{array}{l} \text{Zähler} \\ \text{Bruchstrich} \\ \text{Nenner} \end{array} = 5 : 8$$

$$5 : 8 = 0{,}625$$

Es werden folgende verschiedene Brüche unterschieden:

Bezeichnung	Beispiel	Erläuterung
echter Bruch	$\dfrac{3}{4}$	Der Zähler ist kleiner als der Nenner. Der Wert ist kleiner als 1.
unechter Bruch	$\dfrac{5}{4}$	Der Zähler ist größer als der Nenner. Der Wert ist größer als 1.
gleichnamige Brüche	$\dfrac{2}{7} \cdot \dfrac{6}{7}$	Brüche mit gleichem Nenner
ungleichnamige Brüche	$\dfrac{2}{7} \cdot \dfrac{3}{8}$	Brüche mit ungleichem Nenner

Addition und Subtraktion der Brüche

MERKE

Gleichnamige Brüche werden addiert bzw. subtrahiert, indem man die Zähler addiert bzw. subtrahiert.

$$\frac{5}{11} + \frac{7}{11} + \frac{3}{11} = \frac{5+7+3}{11} = \frac{15}{11}$$

$$\frac{a}{b} + \frac{2a}{b} + \frac{5a}{b} = \frac{8a}{b}$$

$$\frac{7}{9} - \frac{3}{9} - \frac{2}{9} = \frac{7-3-2}{9} = \frac{2}{9}$$

$$\frac{8a}{b} - \frac{2a}{b} - \frac{5a}{b} = \frac{a}{b}$$

Lassen sich Zähler und Nenner durch dieselbe Zahl (oder Buchstaben) dividieren, kann man Brüche auch kürzen.

$$\frac{16}{24} = \frac{2 \cdot 8}{3 \cdot 8} = \frac{2}{3}$$

$$\frac{10}{15} = \frac{2 \cdot 5}{3 \cdot 5} = \frac{2}{3}$$

$$\frac{a \cdot b}{a \cdot c} = \frac{b}{c}$$

$$\frac{a \cdot b \cdot d}{c \cdot d} = \frac{ab}{c}$$

$$\frac{a}{ab} + \frac{a}{ac} = \frac{1}{b} + \frac{1}{c}$$

MERKE

> Ungleichnamige Brüche werden addiert bzw. subtrahiert, indem man sie vor der Addition bzw. Subtraktion durch Erweiterung auf einen Hauptnenner gleichnamig macht. Erweitern ist das Gegenteil von Kürzen. Man erweitert den Bruch, indem man seinen Zähler und seinen Nenner mit der selben Zahl multipliziert. Dabei muss der Hauptnenner durch jeden Nenner der zu addierenden oder zu subtrahierenden Brüche dividiert und das Ergebnis mit dem Zähler multipliziert werden.

$$\frac{3}{4} + \frac{4}{3} + \frac{1}{2} =$$

$$\frac{9}{12} + \frac{16}{12} + \frac{6}{12} = \frac{31}{12}$$

$$\frac{a}{b} + \frac{a}{c} = \frac{ac}{bc} + \frac{ab}{bc} = \frac{ac + ab}{bc}$$

Haben Zähler und Nenner den gleichen Zahlenwert, lassen sie sich mit dem Ergebnis 1 gegeneinander kürzen. Entsteht bei einer Rechnung ein Bruch, dessen Zähler größer als der Nenner ist, kann man ihn in eine ganze Zahl und einen Bruch umformen.

$$1 = \frac{1}{1} \quad \text{oder} \quad \frac{5}{5} \quad \text{oder} \quad \frac{9}{9} \quad \text{oder} \quad \frac{24}{24}$$

$$\frac{15}{11} = 1\frac{4}{11} \quad \frac{31}{12} = 2\frac{7}{12}$$

Relative Zahlen
Bisher wurde mit Zahlen ohne Vorzeichen, mit sog. absoluten Zahlen, gerechnet. Relative Zahlen dagegen beziehen sich auf Null und haben Vorzeichen, sind also positiv oder negativ.

```
-5   -4   -3   -2   -1   ±0   +1   +2   +3   +4   +5
```

Um bei Rechenoperationen Vorzeichen und Rechenzeichen unterscheiden zu können, setzt man relative Zahlen in Klammern.

Zahlen mit gleichen Vorzeichen werden addiert, indem man die Zahlenwerte addiert und das Vorzeichen beibehält.

$$(+23) + (+8) = (+31)$$
$$(-23) + (-8) = (-31)$$

Bei verschiedenen Vorzeichen subtrahiert man die Zahlenwerte. Der größte Zahlenwert bestimmt das Vorzeichen.

$$(+23) + (-8) = (+15)$$
$$(-23) + (+8) = (-15)$$

Relative Zahlen werden subtrahiert, indem man ihre Vorzeichen umkehrt.

$$(+26) - (+6) = +26 - 6 = (+20)$$
$$(-26) - (-6) = -26 + 6 = (-20)$$
$$(-26) - (+6) = -26 - 6 = (-32)$$

Klammern
Sollen die einzelnen Glieder einer Rechnung in einer ganz bestimmten Reihenfolge addiert oder subtrahiert werden, so setzt man Klammern. Sie dienen als Rechenanweisung und drücken aus, dass die in Klammern stehenden Zahlenwerte zuerst ausgerechnet werden müssen. Hier gilt die unter »relative Zahlen« angegebene Regel, wonach minus mal plus gleich minus und minus mal minus gleich plus ist.

Steht vor der Klammer ein »+«-Zeichen, so kann die Klammer wegfallen, ohne dass sich der Wert der Summe ändert.

$$3 + (7 - 4) = 3 + 7 - 4 = 6$$

Steht vor der Klammer ein »−«-Zeichen, so kann die Klammer nur unter Umkehrung aller Vorzeichen in der Klammer weggelassen werden.

$$3 - (7 - 4) = 3 - 7 + 4 = 0$$

Enthält eine Rechnung mehrere ineinander geschachtelte Klammern, so muss zuerst die innere Klammer unter Beachtung der Vorzeichen aufgelöst werden. Dabei ist die runde Klammer stets vor der eckigen zu berücksichtigen.

$$19 - [13 + 7 - (4 + 5)] =$$
$$19 - [13 + 7 - 4 - 5] =$$
$$19 - 11 = 8$$

1.3 ■ Multiplikation und Division

Bei einer **Multiplikation** heißen die Zahlen, die miteinander multipliziert werden sollen, Faktoren, das Endergebnis einer Multiplikation ist das Produkt. Ist der eine Faktor gleich Null, so ist das Produkt ebenfalls gleich Null.

$$\underset{\text{Faktor}}{4} \cdot \underset{\text{Faktor}}{3} = \underset{\text{Produkt}}{12}$$
$$3 \cdot 0 = 0$$

Die **Division** ist die Umkehrung der Multiplikation. Die Zahl, die dividiert werden soll, heißt Dividend, die Zahl mit der dividiert werden soll, heißt Divisor. Das Endergebnis der Division ist der Quotient. Dividend und Divisor dürfen nicht miteinander vertauscht werden. Ist der Dividend gleich Null, ist der Quotient ebenfalls gleich Null.

$$\underset{\text{Dividend}}{12} : \underset{\text{Divisor}}{3} = \underset{\text{Quotient}}{4}$$
$$0 : 3 = 0$$
$$3 : 0 = \text{kein Ergebnis}$$

Dezimalzahlen
Dezimalzahlen werden miteinander *multipliziert*, indem man zunächst ohne Rücksicht auf das Komma multipliziert und dem Produkt von rechts so viele Dezimalstellen gibt, wie die Faktoren zusammen haben.

$$\begin{array}{r} 7{,}32 \cdot 3{,}8 \\ \hline 5856 \\ 2196 \\ \hline 27{,}816 \end{array}$$

Dezimalzahlen werden durcheinander *dividiert*, indem Dividend und Divisor mit einer Zehnerpotenz so erweitert werden, dass der Divisor eine natürliche Zahl wird. Der Wert des Quotienten wird dadurch nicht verändert. Die

Division beginnt mit der ersten Stelle links, bei Überschreitung des Kommas wird im Ergebnis das Komma gesetzt.

$$78{,}46 : 3{,}7 =$$
$$784{,}6 : 37 = 21{,}205$$
$$\underline{74}$$
$$44$$
$$\underline{37}$$
$$76$$
$$\underline{74}$$
$$200$$
$$\underline{185}$$
$$15 \quad \text{Rest}$$

Probe: $21{,}205 \cdot 3{,}7 = 78{,}4585$

$$\underline{21{,}205 \cdot 3{,}7}$$
$$148435$$
$$\underline{63615}$$
$$78{,}4585$$

Die Division $78{,}46 : 3{,}7$ ist nach der 3. Stelle hinter dem Komma mit dem Rest 15 abgebrochen worden. Würde das Ergebnis der Probe auf zwei Stellen hinter dem Komma aufgerundet, erhielte man wieder $78{,}46$ (s. auch S. 23).

Brüche

Brüche werden miteinander *multipliziert*, indem man die Zähler und Nenner miteinander multipliziert.

$$\frac{3}{7} \cdot \frac{4}{5} = \frac{3 \cdot 4}{7 \cdot 5} = \frac{12}{35} \qquad \frac{\text{Zähler mal Zähler}}{\text{Nenner mal Nenner}}$$

Ganze Zahlen haben den Nenner 1. Wenn möglich, werden die Brüche vor der Multiplikation gekürzt, d. h. Zähler und Nenner werden durch dieselbe Zahl dividiert. Gemischte Zahlen, bestehend aus einer ganzen Zahl und einem Bruch, werden vor der Multiplikation in Brüche umgewandelt.

$$\frac{3}{4} \cdot 6 = \frac{3}{4} \cdot \frac{6}{1} = \frac{3 \cdot 6}{4 \cdot 1} = \frac{3 \cdot 3}{2 \cdot 1} = \frac{9}{2} = 4\frac{1}{2}$$

$$1\frac{1}{24} \cdot \frac{8}{35} = \frac{25}{24} \cdot \frac{8}{35} = \frac{25 \cdot 8}{24 \cdot 35} = \frac{5 \cdot 1}{3 \cdot 7} = \frac{5}{21}$$

Brüche werden *dividiert*, indem man mit ihrem Kehrwert multipliziert. Der Kehrwert entsteht durch Vertauschung von Zähler und Nenner. Auch hier haben ganze Zahlen den Nenner 1.

$$\frac{3}{8} : \frac{4}{5} = \frac{3}{8} \cdot \frac{5}{4} = \frac{3 \cdot 5}{8 \cdot 4} = \frac{15}{32}$$

$$\frac{3}{5} : 5 = \frac{3}{5} : \frac{5}{1} = \frac{3}{5} \cdot \frac{1}{5} = \frac{3}{25}$$

$$5 : \frac{3}{5} = \frac{5}{1} : \frac{3}{5} = \frac{5}{1} \cdot \frac{5}{3} = \frac{25}{3} = 8\frac{1}{3}$$

Relative Zahlen

Bei relativen Zahlen werden zunächst die Beträge der Faktoren *multipliziert* und dann wird erst das Vorzeichen bestimmt. Haben beide Faktoren das gleiche Vorzeichen, so erhält das Produkt das Vorzeichen »+«; haben die Faktoren verschiedene Vorzeichen, so erhält das Produkt das Vorzeichen »−«.

$$(+3) \cdot (+4) = +12 \qquad (-3) \cdot (-4) = +12$$
$$(-3) \cdot (+4) = -12 \qquad (+3) \cdot (-4) = -12$$

Auch bei der *Division* berechnet man erst den Quotienten und bestimmt dann das Vorzeichen. Haben Dividend und Divisor gleiche Vorzeichen, so ist das Vorzeichen des Quotienten »+«, haben Dividend und Divisor verschiedene Vorzeichen, so ist das Vorzeichen des Quotienten »−«.

$$(+8) : (+4) = +2 \qquad (-8) : (-4) = +2$$
$$(-8) : (+4) = -2 \qquad (+8) : (-4) = -2$$

MERKE

Es gilt immer: minus mal (durch) plus = minus, minus mal (durch) minus = plus und plus mal (durch) plus = plus.

Klammern

Bei der Multiplikation und Division der Zahlen in Klammern gelten die gleichen Regeln wie bei der Addition und Subtraktion der Klammerzahlen. Grundsätzlich müssen auch hier erst die Zahlen in den Klammern ausgerechnet werden.

$$3 \cdot (5 + 4) - 2 \cdot (3 + 4) = 3 \cdot 9 - 2 \cdot 7 = 13$$

Sofern in einer Aufgabe Addition bzw. Subtraktion neben Multiplikation oder Division vorkommen, gilt der Grundsatz Punktrechnung geht vor Strichrechnung, also erst muss multipliziert bzw. dividiert werden, bevor addiert oder subtrahiert werden kann.

$$20 \cdot (5 - 3) : 2 \cdot (2 + 3) =$$
$$20 \cdot \quad 2 \quad : 2 \cdot \quad 5 \quad =$$
$$40 : 2 \cdot 5 = 100 \text{ (nicht 4)}$$

aber:

$$(20 \cdot 5 - 3) : (2 \cdot 2 + 3) =$$
$$(100 - 3) \quad : (4 + 3) \quad =$$
$$97 : 7 = 13{,}857\ldots$$

MERKE

Punktrechnung geht vor Strichrechnung.

1.4 ■ Mittelwertbestimmung

Ist vom Mittelwert die Rede, so ist im Allgemeinen das **arithmetische Mittel** gemeint. Es ist ein Begriff aus der Statistik. In Naturwissenschaft und Technik müssen oft Mittelwerte ausgerechnet werden, nämlich immer dort, wo Beobachtungen oder Messungen durch unbekannte Faktoren beeinflusst und daher ungenau werden können.

MERKE

Bei der Bestimmung des Mittelwertes werden die Ergebnisse eines mehrmals ausgeführten Experiments addiert und durch die Anzahl der Messungen dividiert.

Mittelwerte werden z. B. bei maßanalytischen Bestimmungen, bei Siedepunkt- und Schmelzpunktbestimmungen, bei der Bestimmung der Dosierungsgenauigkeit von Kapseln oder Suppositorien u. a. ermittelt. Das arithmetische Mittel ist der jeweils wahrscheinlichste Wert. Die Genauigkeit des errechneten Mittelwertes erhöht sich, je größer die Anzahl der Einzelwerte ist.

Kapselgewicht in Gramm:	10,12
	9,89
	9,93
	10,02
	9,99
	8,99
	10,15
	9,43
	9,87
	10,09
	$\overline{98,48 : 10 =}$
Mittelwert:	9,85 g

Schmelzpunkt in °C:	158,3
	157,0
	158,9
	$\overline{474,2 : 3 =}$
Mittelwert:	158,1 °C

Natronlauge (0,1 mol · l^{-1}) in ml:	37,1
	36,9
	36,95
	$\overline{110,95 : 3 =}$
Mittelwert:	36,98 ml

1.5 ■ Umgang mit dem Taschenrechner

Mit dem Taschenrechner wird Zeit gespart und größere Genauigkeit erreicht. Leider steht jedoch der Genauigkeitsgewinn oft in keinem Verhältnis zur erforderlichen Notwendigkeit. Das führt dann dazu, dass viel mehr Stellen hinter dem Komma angegeben werden, als es die Genauigkeit der eingegebenen Zahlen erfordert. Es wird so eine Genauigkeit vorgetäuscht, die gar nicht vorhanden ist. Dies ist insbesondere dann der Fall, wenn die Ergebnisse analytischer Bestimmungen, wie z. B. des Siedepunktes oder des Schmelzpunktes, errechnet werden sollen. Der Benutzer des Taschenrechners sollte also die Aussage des angegebenen Zahlenergebnisses beurteilen und notfalls korrigieren können.

Bei der maßanalytischen Berechnung z. B. das Ergebnis auf fünf Stellen hinter dem Komma genau anzugeben, obwohl Messergebnisse dieser Art prinzipiell fehlerhaft sind, ist unsinnig. Die Ungenauigkeit der eingegebenen Messwerte ist in diesem Falle schon in der ersten Stelle nach dem Komma vorhanden.

$$\frac{13{,}2 \cdot 15{,}7}{0{,}32 \cdot 182} = 3{,}5583791$$

Von den sieben angegebenen Stellen nach dem Komma sind wenigstens sechs Stellen überflüssig. Hier würde das Ergebnis

$$3{,}558 \approx 3{,}56$$

völlig ausreichen.

Es ist also auf- oder abzurunden. Und dementsprechend lassen sich auch aus der Zahl der Stellen hinter dem Komma Schlüsse auf die Genauigkeit der Messung ziehen. Grundsätzlich wird bei der Verwendung des Taschenrechners jedoch erst beim Endergebnis auf- oder abgerundet und nicht schon bei den eingegebenen Einzelwerten oder den Zwischenergebnissen.

MERKE

Das vom Taschenrechner angezeigte Ergebnis muss auf jeden Fall beurteilt und der Genauigkeit der eingegebenen Werte entsprechend auf- oder abgerundet werden. Bei dem Messergebnis ist die vorletzte Stelle nach dem Komma als sicher und die letzte Stelle als unsicher anzusehen.

Rundung der Rechenergebnisse
Beim Runden geht man folgendermaßen vor:
Rechts beginnend streicht man die zu vernachlässigenden Ziffern bis zur ersten nicht mehr »unwichtigen« Ziffer, die je nach Größe der darauffolgenden unwichtigen Ziffer entweder unverändert bleibt oder um 1 erhöht wird.

Abrunden
Ist die erste »unwichtige« Ziffer eine 0, 1, 2, 3 oder 4, so bleibt die zu rundende Ziffer unverändert. So wird 0,274 auf 0,27 abgerundet.

Aufrunden
Ist dagegen die erste »unwichtige« Ziffer eine 5, 6, 7, 8 oder 9, so wird die zu rundende Zahl um 1 erhöht. 0,277 wird daher auf 0,28 aufgerundet.

Dabei darf die Ziffer 5 nicht durch Aufrundung entstanden sein. Es geht also nicht, 0,2748 auf 0,275 und anschließend auf 0,28 aufzurunden. Das richtige Rechenergebnis ist in diesem Falle 0,27.

Überschlagsrechnung
Die Verwendung des Taschenrechners bringt ein zweites Problem mit sich: Da die eingegebenen Rechenoperationen zumeist nicht angezeigt werden, können Tippfehler nicht ohne Weiteres erkannt werden. Auch falsch eingegebene Zahlenwerte führen zu falschen, mitunter völlig absurden Ergebnissen.

Um Fehlergebnisse zu vermeiden, empfiehlt es sich daher, das Ergebnis durch Überschlagsrechnungen zu überprüfen.

$$\frac{18,32 \cdot 3,8}{27,8 \cdot 4,1} \qquad \text{Überschlag: } \frac{20 \cdot 4}{30 \cdot 4} \approx 0,7$$

genaues Ergebnis: 0,61

```
         28,45        Überschlag:       30
        301,75                         300
         12,88                          10
         34,26                          35
         19,77                          20
     +   28,84                     +    30
                                   =   425
```

genaues Ergebnis: 425,95

```
          2,380       Überschlag:        2
         24,070                          24
         76,056                          76
         17,903                          18
     +    0,028                     +     0
                                    =   120
```

genaues Ergebnis: 120,437

```
          7,105            Überschlag:    7
      + 28,645                          + 29
      −  7,450                          −  7 ⎫
      − 11,570                          − 12 ⎬
      −  3,069                          −  3 ⎭
                                          ──
                                          14
```

genaues Ergebnis: 13,661

MERKE

Taschenrechner sind sehr empfindliche Geräte, die nicht dem unmittelbaren Einfluss von Säuren- und Lösungsmitteldämpfen ausgesetzt werden sollten.

1.6 ◼ Potenzrechnung

Eine Potenz ist das Produkt aus gleichen Faktoren.

$$4 \cdot 4 \cdot 4 = 4^3 \leftarrow \text{Exponent}$$
$$\uparrow\!\!\!\!\!\text{―― Basis}$$

sprich: 4 hoch 3

Der Exponent (Hochzahl) gibt an, wie oft die Basis (Grundzahl) als Faktor gesetzt werden muss. Basis und Exponent können nicht gegeneinander ausgetauscht werden. In der Pharmazie wird überwiegend nur mit Zehnerpotenzen, also Potenzen mit der Basis 10 gerechnet. Die Regeln der Potenzrechnung gelten aber auch für jede andere Basis.

Die Potenzen mit der Basis 10, die sog. Zehnerpotenzen, haben eine besonders große Bedeutung, denn sowohl sehr große als auch sehr kleine Zahlen werden zur Vereinfachung der Schreibweise häufig in Verbindung mit Zehnerpotenzen geschrieben, da Zahlen unterhalb 0,1 und oberhalb 1 000 unübersichtlich sind und daher als Zehnerpotenzen besser zu rechnen sind.

Zahlen größer als 1 haben positive Exponenten:

$$1\,000 = 1 \cdot 10 \cdot 10 \cdot 10 = 10^3$$
$$2\,000 = 2 \cdot 10 \cdot 10 \cdot 10 = 2 \cdot 10^3$$
$$54\,000 = 5{,}4 \cdot 10 \cdot 10 \cdot 10 \cdot 10 = 5{,}4 \cdot 10^4$$

Zahlen kleiner als 1 haben negative Exponenten:

$$0{,}001 = \frac{1}{1\,000} = \frac{1}{10 \cdot 10 \cdot 10} = \frac{1}{10^3} = 10^{-3}$$

$$0{,}002 = \frac{2}{1\,000} = \frac{2}{10 \cdot 10 \cdot 10} = \frac{2}{10^3} = 2 \cdot 10^{-3}$$

$$0{,}00054 = \frac{5{,}4}{10\,000} = \frac{5{,}4}{10 \cdot 10 \cdot 10 \cdot 10} = \frac{5{,}4}{10^4} = 5{,}4 \cdot 10^{-4}$$

Der Potenzwert einer Potenz mit dem Exponenten Null ist unabhängig von der Basis stets 1:

$$2^0 = 1 \qquad 10^0 = 1$$

Eine Potenz mit dem Exponenten 1 hat den Wert der Basis:

$$3^1 = 3 \qquad 10^1 = 10$$

MERKE

Die Anzahl der Stellen, um die das Komma verschoben werden muss, steht im Exponenten der Basis 10. Befindet sich der Zahlenwert links vor dem Komma, ist der Exponent positiv, befindet er sich rechts hinter dem Komma, ist der Exponent negativ. Je größer der negative Exponent ist, umso kleiner ist der Potenzwert:

$$10^{-3} \text{ größer als } 10^{-6}$$

Dissoziationskonstanten, Löslichkeitsprodukte, Oxoniumionenkonzentrationen u. a. werden beispielsweise gewöhnlich als Zehnerpotenzen angegeben. Somit ist es unerlässlich, sich mit den Grundregeln der Potenzrechnung zu beschäftigen.

Addition und Subtraktion der Potenzen
Die Addition und Subtraktion der Potenzen ist nur möglich, wenn die Basen **und** Exponenten übereinstimmen.

$$2 \cdot 10^2 + 3 \cdot 10^2 + 4 \cdot 10^2 = 9 \cdot 10^2 = 900$$

aber:

$$5 \cdot 10^3 - 4 \cdot 10^3 + 2 \cdot 10^3 + 3 \cdot 10^4 = 3 \cdot 10^3 + 3 \cdot 10^4 = 33\,000$$

1 Grundrechenarten

Multiplikation und Division der Potenzen
Die Multiplikation und Division der Potenzen ist nur möglich, wenn die Basen **oder** Exponenten übereinstimmen.

MERKE

Potenzen mit gleicher Basis werden *multipliziert*, indem man die Exponenten addiert und die Basis mit der Summe der Exponenten potenziert.

$$10^3 \cdot 10^4 = 10^{3+4} = 10^7$$
$$10^3 \cdot 10^{-4} = 10^{3+(-4)} = 10^{3-4} = 10^{-1}$$

MERKE

Potenzen mit gleichem Exponenten werden miteinander *multipliziert*, indem man das Produkt der Basen mit dem gemeinsamen Exponenten potenziert.

$$4^2 \cdot 2^2 = (4 \cdot 2)^2 = 8^2 = 64$$

MERKE

Eine Potenz wird *potenziert*, indem man die Basis mit dem Produkt der Exponenten potenziert.

$$(10^2)^3 = 10^6$$

MERKE

Potenzen mit gleicher Basis werden *dividiert*, indem man die Basis mit der Differenz der Exponenten potenziert.

$$10^5 : 10^3 = 10^{5-3} = 10^2$$
$$10^5 : 10^{-3} = 10^{5-(-)3} = 10^{5+3} = 10^8$$

MERKE

Potenzen mit gleichem Exponenten werden *dividiert*, indem man den Quotienten der Basen mit dem gemeinsamen Exponenten potenziert.

$$6^3 : 2^3 = (6 : 2)^3 = 3^3 = 27$$

Die Potenzschreibweise hat insbesondere bei Multiplikation und Division unübersichtlicher Dezimalzahlen große Vorteile.

$$
\begin{aligned}
0{,}0172 \cdot 0{,}000642 &= 1{,}72 \quad \cdot 10^{-2} \cdot 6{,}42 \cdot 10^{-4} \\
&= 1{,}72 \quad \cdot 6{,}42 \cdot 10^{-6} \\
&= 11{,}0424 \cdot 10^{-6} \\
&= 1{,}10424 \cdot 10^{-5}
\end{aligned}
$$

$$
\begin{aligned}
0{,}01804 : 0{,}0788 &= 1{,}804 \cdot 10^{-2} \; : 7{,}88 \; \cdot 10^{-2} \\
&= (1{,}804 : 7{,}88) \cdot (10^{-2} : 10^{-2}) \\
&= 0{,}228934
\end{aligned}
$$

1.7 ■ Übungsaufgaben zu den Grundrechenarten

Arabische und römische Schreibweise

1. Die folgenden Zahlenwerte sind in römischen Ziffern auszudrücken:

   424;   1983;   1287;   79;   3588

2. Übersetzen Sie folgende römische Zahlenzeichen in die arabische Schreibweise:

   MCDXLIV;   CXXIX;   CMXCIX;   MCMXLIX;   MMXIV;   MDCXLVII

Addition und Subtraktion

3. Addieren Sie:

   a) $246{,}5 + 86{,}25 + 80{,}157 + 3{,}7 + 0{,}4827$

   b) $13\,505 + 19{,}24 + 124{,}73 + 86{,}637 + 15{,}1 + 0{,}125$

   c) $3479 + 9{,}472 + 63{,}221 + 37 + 278{,}566 + 3{,}9$

4. Subtrahieren Sie:

   a) $246{,}5 - 86{,}25 - 80{,}157 - 3{,}7 - 0{,}4827$

   b) $13\,505 - 19{,}24 - 124{,}73 - 86{,}637 - 15{,}1 - 0{,}125$

   c) $3479 - 9{,}472 - 63{,}221 - 37 - 278{,}566 - 3{,}9$

1 Grundrechenarten

5. Addieren und subtrahieren Sie:
   a) $246{,}5 - 86{,}25 + 80{,}157 - 3{,}7 - 0{,}4827$
   b) $13\,505 + 19{,}24 + 124{,}73 - 83{,}637 - 15{,}1 + 0{,}125$
   c) $3479 - 9{,}472 - 63{,}221 + 37 + 278{,}566 - 3{,}9$

6. Addieren und subtrahieren Sie folgende gemischte Brüche:
   a) $5\frac{3}{8} + 6\frac{5}{12} - 4\frac{9}{40} - 3\frac{2}{5}$
   b) $12\frac{3}{4} - 26\frac{9}{10} + 6\frac{4}{5} + 8\frac{1}{4}$
   c) $7\frac{11}{18} - 6\frac{5}{6} + 4\frac{20}{24} + 1\frac{9}{24}$

Relative Zahlen und Klammern

7. Berechnen Sie die folgenden Klammerausdrücke:
   a) $(+46) - (-5) + (+15) - (+3)$
   b) $(-53) - (+15) + (-6) - (-3)$
   c) $13 + (5 - 3) + 16$

Multiplikation und Division

8. Multiplizieren Sie folgende Dezimalzahlen:
   a) $24{,}59 \cdot 7{,}5 \cdot 3{,}25$
   b) $0{,}425 \cdot 0{,}2 \cdot 1{,}92$
   c) $0{,}2 \cdot 0{,}2 \cdot 0{,}2$

9. Dividieren Sie folgende Dezimalzahlen:
   a) $843{,}2 : 17$
   b) $19{,}8 : 1{,}8$
   c) $0{,}039 : 7{,}8$

10. Verwandeln Sie Brüche in Dezimalzahlen:
    a) $\frac{73}{125}$ b) $3\frac{51}{20}$ c) $5\frac{7}{12}$

11. Multiplizieren und dividieren Sie folgende Brüche:
    a) $2\frac{2}{5} \cdot 1\frac{1}{6} \cdot 3\frac{4}{7} : 2\frac{1}{2}$

b) $\dfrac{9}{7} \cdot \dfrac{28}{3} + \dfrac{208}{11} : \dfrac{26}{11} - \dfrac{116}{4} + 11$

c) $1\dfrac{1}{24} \cdot \dfrac{8}{35} + 1\dfrac{2}{9} \cdot 3\dfrac{3}{8} - \dfrac{2}{3} \cdot \dfrac{5}{7}$

d) $\dfrac{3}{9} : \dfrac{6}{18} + 1 - 2 + 3 \cdot \dfrac{7}{21}$

Mittelwertbestimmung

12. Errechnen Sie die Mittelwerte der folgenden Analysenergebnisse:

   a) Siedepunkt
   55,873°
   56,324°
   56,139°

   b) Prozentgehalt
   100,37 %
   99,88 %
   97,91 %

   c) abgelesene Drehwinkel
   + 5,25°
   + 5,30°
   + 5,20°

   d) abgelesene Nullpunkte
   + 0,05°
   ± 0,00°
   − 0,10°
   − 0,15°
   ± 0,00°

Potenzrechnung

13. Schreiben Sie folgende Zahlen als Produkte der Zahlen zwischen 1 und 10 und Potenzen von 10:

   a) 234,8   b) 0,12   c) 412 000
   d) 0,0023 e) 0,0001002 f) 12 000 000

14. Schreiben Sie als Zehnerpotenz:

   a) $8 \cdot 10^{-3} \cdot 12,5$

   b) $0,2 \cdot 0,005$

   c) $0,04 \cdot 2 \cdot 10^3 \cdot 1,25$

15. Lösen Sie mit Hilfe von Zehnerpotenzen:

   a) $\dfrac{0,0039 \cdot 0,421 \cdot 0,062}{78,3 \cdot 0,0317}$

   b) $\dfrac{5,47 \cdot 0,274 \cdot 89,3 \cdot 10}{2,047 \cdot 5}$

2 Proportionen und »Dreisatz«

Bei der Dreisatzrechnung schließt man von der Mehrheit auf die Einheit und von dieser wieder auf die – andere – Mehrheit. Dabei werden die verschiedenen Größen zueinander ins Verhältnis, d. h. in Proportion gesetzt. Hierbei ist zwischen proportionaler und umgekehrt proportionaler Zuordnung zu unterscheiden.

Dreisatzrechnung und Proportionen werden für eine Reihe pharmazeutischer Berechnungen angewandt, so zur Lösung stöchiometrischer Aufgaben, zur Berechnung der Arzneimitteldosierungen, bei der Herstellung der Arzneimittel, zur Arzneimittelpreisberechnung u. v. m. Außerdem ist die Dreisatzrechnung Voraussetzung für das Verständnis der Prozentrechnung.

2.1 ■ Proportionen

Proportionen oder Verhältnisgleichungen sind nichts anderes als die Gleichsetzung zweier Verhältnisse:

$$1 : 2 = 4 : 8 \text{ oder } \frac{1}{2} = \frac{4}{8}$$

sprich: eins verhält sich zu zwei wie vier zu acht.

Die Proportion hat vier Glieder, zwei Außen- und zwei Innenglieder. Bei jeder Proportion ist nun **das Produkt der Innenglieder gleich dem Produkt der Außenglieder**. Auf unser Beispiel angewendet:

aus: $1 : 2 = 4 : 8$ folgt $2 \cdot 4 = 1 \cdot 8$

Bei der Schreibweise mit Bruchstrichen erreicht man das Gleiche durch kreuzweise Multiplikation:

aus: $\frac{1}{2} = \frac{4}{8}$ folgt dann ebenfalls $2 \cdot 4 = 1 \cdot 8$

Sind nur drei der vier Glieder bekannt, so lässt sich das mit x benannte unbekannte Glied sehr leicht errechnen:

$$\text{aus} \quad \frac{1}{2} = \frac{4}{x}$$

$$\text{folgt} \quad x = 4 \cdot 2$$

$$x = 8$$

$$\text{oder aus} \quad \frac{1}{2} = \frac{x}{8}$$

$$\text{folgt} \quad x = \frac{8}{2}$$

$$x = 4$$

Die Verhältnisgleichung muss so also immer nach x aufgelöst werden. Die Aufstellung der Proportionen kann angewandt werden bei der Dreisatzrechnung, der Prozentrechnung, in der Stöchiometrie u. v. m.

Direkte proportionale Zuordnung

100 g Salzsäure enthalten 24,6 g Chlorwasserstoff.
a) Wie viel g Chlorwasserstoff sind in 360 g Salzsäure enthalten?
b) In wie viel g Salzsäure sind 100 g Chlorwasserstoff enthalten?

Rechnung: a) In 100 g Salzsäure befinden sich 24,6 g HCl

in 1 g Salzsäure befinden sich $\frac{24,6}{100}$ g HCl

in 360 g Salzsäure befinden sich $\frac{24,6 \cdot 360}{100}$ g HCl

Oder als Proportion mit einer Unbekannten formuliert:

100 (gegebene Menge) verhält sich zu 360 (geforderte Menge) wie 24,6 (gegebener Gehalt) zu x (gesuchter Gehalt). Die entstehende Gleichung wird durch kreuzweise Multiplikation nach x aufgelöst und ausgerechnet.

$$\frac{100}{360} = \frac{24,6}{x}$$

$$x = \frac{24,6 \cdot 360}{100}$$

In 360 g Salzsäure sind 88,56 g Chlorwasserstoff enthalten.

2 Proportionen und »Dreisatz«

Rechnung: b) 24,6 g HCl sind in 100 g Salzsäure enthalten

$$1 \text{ g HCl ist in } \frac{100}{24,6} \text{ g Salzsäure enthalten}$$

$$100 \text{ g HCl sind in } \frac{100 \cdot 100}{24,6} \text{ g Salzsäure enthalten}$$

Oder als Proportion mit einer Unbekannten formuliert:

24,6 (gegebener Gehalt) verhält sich zu 100 (gegebene Menge) wie 100 (geforderte Menge) zu x (gesuchte Menge). Die entstehende Gleichung wird durch kreuzweise Multiplikation nach x aufgelöst und ausgerechnet.

$$\frac{24,6}{100} = \frac{100}{x}$$

$$x = \frac{100 \cdot 100}{24,6}$$

100 g Chlorwasserstoff sind in 406,50 g Salzsäure enthalten.

> Die Dosierung eines Arzneistoffes ist mit 5 mg pro 1 kg Körpergewicht angegeben.
>
> Wie viele Tabletten mit einem Wirkstoffgehalt von 0,1 g pro Tablette müssen einem 80 kg schweren Patienten verabreicht werden?

$$\frac{5}{1} = \frac{x}{80}$$

$$x = \frac{5 \cdot 80}{1}$$

$$x = 400$$

400 mg, das ist der Wirkstoffgehalt von 4 Tabletten, sind zu verabreichen.

Direkte Proportionalität:
Je größer die Menge Salzsäure, desto mehr Chlorwasserstoff ist enthalten, bzw. je höher das Köpergewicht ist, desto höhere Dosierung ist erforderlich.

MERKE

Für die direkte proportionale Zuordnung gilt »je mehr − desto mehr«.

Indirekte (umgekehrt) proportionale Zuordnung

> Bei einer Dosierung von 5-mal täglich 10 Tropfen reicht das vom Arzt verordnete Arzneimittel etwa 20 Tage.
>
> Für welchen Zeitraum reicht die gleiche Menge, wenn die Dosis auf 3-mal täglich 10 Tropfen verringert wird?

Rechnung: Bei 50 Tropfen täglich reicht das Arzneimittel 20 Tage

bei 1 Tropfen täglich reicht das Arzneimittel $20 \cdot 50$ Tage

bei 30 Tropfen täglich reicht das Arzneimittel $\dfrac{20 \cdot 50}{30}$ Tage

Oder als Proportion mit einer Unbekannten formuliert:

x (gesuchter Zeitraum) verhält sich zu 50 (gegebene Dosierung) wie 20 (gegebener Zeitraum) zu 30 (geforderte Dosierung). Die entstehende Gleichung wird nach x aufgelöst und ausgerechnet.

$$\frac{x}{50} = \frac{20}{30}$$

$$x = \frac{20 \cdot 50}{30}$$

Das Arzneimittel reicht 33 Tage.

> Im Großhandel sind 1 000 g einer Chemikalie zum Preis von € 13,– gekauft worden.
>
> Wie viel hätte man für diesen Betrag bekommen, wenn 1 000 g € 16,– kosten würden?

Als Proportion mit einer Unbekannten formuliert:

x (gesuchte Menge) verhält sich zu 1 000 (gegebene Menge) wie 13 (gegebener Preis) zu 16 (geforderter Preis). Die entstehende Gleichung wird nach x aufgelöst und ausgerechnet.

$$\frac{x}{1\,000} = \frac{13}{16}$$

$$x = \frac{13 \cdot 1\,000}{16}$$

Für € 16,– bekommt man nur 812,5 g der Chemikalie.

> Von einer 5 % Infusionslösung sollen einem Patienten pro Stunde 150 ml infundiert werden.
>
> Wie viel ml einer 2 % Lösung wären pro Stunde nötig, um die gleiche Wirkstoffmenge zuzuführen?

Als Proportion mit einer Unbekannten formuliert:
x (gesuchte Menge) verhält sich zu 150 (infundierte Menge) wie 5 (Ausgangskonzentration) zu 2 (gewünschte Konzentration). Die entstehende Gleichung wird nach x aufgelöst und ausgerechnet.

$$\frac{x}{150} = \frac{5}{2}$$

$$x = \frac{5 \cdot 150}{2}$$

$$x = 375$$

375 ml 2 % Lösung wären erforderlich.

Indirekte (umgekehrte) Proportionalität:
Je geringer der Verbrauch, desto länger reicht das Arzneimittel bzw. je höher der Preis, desto weniger bekommt man für ihn bzw. je höher die Konzentration, desto weniger Lösung ist erforderlich.

MERKE

> Für die indirekte (umgekehrte) proportionale Zuordnung gilt »je mehr – desto weniger«.

2.2 ◾ Proportionalitätsfaktor

Der Proportionalitätsfaktor ist der konstante Wert einer bestimmten Verhältniskette aus meistens zwei unter definierten Berechnungen ermittelten Messwerten. Dies ist beispielsweise bei der Dichte eines Stoffes der Fall. Dichte ist das

Verhältnis der Masse eines Körpers (Stoffes) zu seinem Volumen.

Unter gleich bleibenden äußeren Bedingungen kann also jeder beliebigen Masse dieses Stoffes ein entsprechendes Volumen zugeordnet werden. Der

Quotient aus Masse und Volumen hat stets den gleichen unveränderlichen Wert.

Andere Beispiele solcher Proportionalitätsfaktoren sind spezifische Extinktion, spezifische Drehung, spezifische Wärme, Dissoziations- und Protolysenkonstante, Dielektrizitätskonstante, stöchiometrischer Faktor u. a.

2.3 ■ Übungsaufgaben zu Proportionen und Dreisatz

1. Ein Bakterium teilt sich alle 20 Minuten.
   Wie viele Bakterien sind in 20 Stunden entstanden?

2. In jeder Sekunde werden auf unserem Erdball 13 Menschen geboren.
   Wie viel Geburten sind das im Jahr?

3. Dragendorffs-Reagenz Ph. Eur. 6.0
   Eine Mischung von 0,85 g basischem Bismutnitrat R, 40 ml Wasser und 10 ml Essigsäure 99 % R wird mit einer Lösung von 8 g Kaliumiodid R in 20 ml Wasser versetzt.
   Es soll 1,00 g basisches Bismutnitrat verarbeitet werden.

4. Ferroin-Lösung Ph. Eur. 6.0
   0,7 g Eisen(II)-sulfat R und 1,76 g Phenanthrolinhydrochlorid R werden in 70 ml Wasser gelöst. Die Lösung wird mit Wasser zu 100 ml verdünnt.
   Es sollen 250 ml hergestellt werden.

5. Kaliumhexahydroxoantimonat(V)-Lösung Ph. Eur. 5.0
   2 g Kaliumhexahydroxoantimonat(V) R werden in 95 ml heißem Wasser gelöst. Anschließend wird eine Lösung von 2,5 g Kaliumhydroxid R in 50 ml Wasser und 1 ml verdünnte Natriumhydroxid-Lösung R (8,5 g Natriumhydroxid/100 ml) hinzufügt. Nach 24 Stunden wird das Filtrat zu 150 ml Wasser verdünnt.
   Es soll 1 l hergestellt werden.

6. Durch eine Kältemischung aus Natriumsulfat, Natriumnitrat, Ammoniumchlorid und Wasser im Verhältnis 8 : 5 : 5 : 16 sinkt die Temperatur von +10 °C auf −15 °C.
   Es sollen 250 g Kältemischung hergestellt werden.

2 Proportionen und »Dreisatz«

7. Bei der Abgabe von Betäubungsmitteln ist u. a. die Verschreibungshöchstmenge zu beachten.
   Wie viel Einheiten der folgenden Betäubungsmittel dürfen bei Beachtung der in Klammern angegebenen Höchstmengen abgegeben werden:

   Temgesic-Tabl.   0,216 mg (800 mg)
   MSR-Supp.   30,0   mg (20 g)
   Dipidolor-Amp.   22,0   mg (6 g)

8. Die Dosierung eines Arzneistoffes ist mit 60 mg/kg Körpergewicht pro Tag angegeben.
   Wie viel Tabletten zu 0,5 g sind demnach bei folgenden Körpergewichten einzunehmen:

   67 kg;   50 kg;   62,5 kg;   75 kg;   87,5 kg

9. Die vom Arzt verordneten Tropfen reichen bei einer Dosierung von 3-mal täglich 15 Tropfen 22 Tage. Nach 8 Tagen erhöht der Arzt jedoch die Dosis auf 4-mal täglich 15 Tropfen.
   Wie lange reicht das Arzneimittel insgesamt?

10. Der Inhalt von drei 1-l-Flaschen soll in 25-ml-Flaschen abgefüllt werden. Wie viel 25-ml-Flaschen können gefüllt werden?

11. Ein Preisvergleich soll durchgeführt werden:

    Eine pharmazeutische Firma bietet zwei Schlafmittel mit völlig gleicher qualitativer Zusammensetzung an.

    Das Mittel A enthält pro Tablette 25 mg wirksame Substanz, die Dosierungsempfehlung lautet auf »2 Tabletten vor dem Schlafengehen«, 20 Tabletten kosten 9,49 €.

    Das Mittel B enthält pro Tablette 50 mg wirksame Substanz bei einer Dosierungsempfehlung von »1 Tablette vor dem Schlafengehen« und einem Preis von 10,28 € für 20 Tabletten

    Vergleichen Sie die Preise der Dosierungsempfehlungen.

12. Folgende Vitamin-C-Präparate sollen miteinander verglichen werden, wenn die empfohlene Tagesdosis 1,0 g Vitamin C beträgt:

    100 Tabl. zu   50 mg für 4,35 €
     20 Tabl. zu   200 mg für 3,85 €
     50 Tabl. zu   200 mg für 7,50 €
     20 Tabl. zu   500 mg für 6,15 €
     10 Tabl. zu 1 000 mg für 4,75 €
     20 Tabl. zu 1 000 mg für 8,95 €

13. Ein Vorrat reicht für 5 Personen 12 Tage.

    a) Wie lange reicht der Vorrat für 6 Personen?

    b) Wie viel Personen kommen 15 Tage damit aus?

14. 5 kg eines Teegemisches sollen in Beutel zu 20 g und 50 g abgefasst werden. Es sollen doppelt so viele Beutel zu 20 g abgefüllt werden. 50 g Teegemisch gehen beim Abfüllen verloren.
    Wie viel Beutel werden abgefasst?

15. Eine Dosierungsvorschrift lautet auf 3-mal täglich 0,25 g Ampicillin.

    Wie viel ml einer Suspension sind jeweils zu geben, wenn sie 3 g Ampicillin in 120 ml enthält?

16. Ein Penicillin-Präparat enthält pro 5 ml ≙ 1 Messlöffel 300 000 I.E. Die Flasche enthält 60 ml. Die Dosierungsvorschrift sieht für Kleinkinder 60 000 I.E. pro kg Körpergewicht, verteilt auf drei Tagesdosen, vor.

    a) Wie viel ml bzw. Messlöffel müssen demnach einem 12 kg schweren Kind gegeben werden?

    b) Wie viel Flaschen zu 75 ml werden benötigt, wenn die Therapie ohne Unterbrechung 2 Wochen lang durchgeführt werden soll?

17. Eine Flasche mit 30 ml eines Kreislaufmittels reichte bei einer Patientin bisher 7 Tage. Der behandelnde Arzt setzt die tägliche Dosis um 1/4 herab.
    Wie viel Flaschen benötigt die Patientin für einen vierwöchigen Auslandsaufenthalt?

18. Eine Droge wird teurer. Um den Preis für einen Beutel Tee halten zu können, setzt der Apotheker das Füllgewicht von bisher 50 g auf 45 g herab und kann nun mit der gleichen Drogenmenge 15 Beutel mehr abfassen lassen als vorher.
    Von welcher Drogenmenge geht er aus?

3 Prozent- und Promillerechnung

Die Prozent- und die Promillerechnung ist ein Spezialfall der Dreisatzrechnung. Sie beantworten die Frage, wie viel eine Teilmenge im Verhältnis zur Gesamtmenge ausmacht; dabei wird die Gesamtmenge immer gleich Hundert bzw. gleich Tausend gesetzt, sodass die Teilmengen als Teile von Hundert – »pro centum« – bzw. als Teile von Tausend – »pro mille« – beschrieben werden können. 15 Prozent (%) bedeuten also 15 Teile von 100 Teilen, 10 Promille (‰) demnach 10 Teile von 1000 Teilen.

3.1 ■ Prozentsatz – Prozentwert – Grundwert

Der *Prozentwert* P ist als der auf das Ganze bezogene Teilwert, der *Grundwert* G als das Ganze und der *Prozentsatz* p % als Teile von Hundert definiert.

Ein einfaches Beispiel macht dies deutlich:

> Unter 30 Schülern einer PTA-Fachklasse befinden sich 20 % männliche Schüler.
>
> Wie viele männliche Schüler sind das?

Rechnung: $100\,\% \mathrel{\hat{=}} 30$ Schüler

$$1\,\% \mathrel{\hat{=}} \frac{30}{100} \text{ Schüler}$$

$$20\,\% \mathrel{\hat{=}} \frac{30 \cdot 20}{100} = 6 \text{ Schüler}$$

6 Schüler sind männlich.

In diesem Beispiel sind die Zahl 30 der Grundwert, die Zahl 6 der Prozentwert und die Zahl 20 der Prozentsatz.

Sind von den drei Größen Grundwert G, Prozentwert P und Prozentsatz p % zwei Größen bekannt, so kann man die dritte Größe berechnen: Es gilt die Gleichung

$$\frac{\text{Prozentsatz}}{100\,\%} \cong \frac{\text{Prozentwert}}{\text{Grundwert}} \quad \text{oder} \quad \frac{p\,\%}{100\,\%} \cong \frac{P}{G}$$

Der Prozentwert wird gesucht

Ein Arzneimittel kostet 4,50 €. Der Preis wird um 8 % erhöht. Um wie viel € verteuert sich das Arzneimittel?

Rechnung: $\quad 4{,}50\,€ \cong 100\,\%$

$\qquad\qquad\quad x\,€ \cong 8\,\%$

$$x = \frac{8 \cdot 4{,}50}{100} = 0{,}36$$

oder: $\qquad\quad P \cong \dfrac{p\,\% \cdot G}{100}$

Das Arzneimittel verteuert sich um 0,36 €.

Wie viel g Chlorwasserstoff sind in 42 g 36 % Salzsäure enthalten?

Rechnung: $\quad 42\,g \cong 100\,\%$

$\qquad\qquad\quad x\,g \cong 36\,\%$

$$x = \frac{36 \cdot 42}{100} = 15{,}12$$

oder: $\qquad\quad P \cong \dfrac{36 \cdot 42}{100}$

Es sind 15,12 g Chlorwasserstoff enthalten.

Der Prozentsatz wird gesucht

Ein Arzneimittel kostet 4,50 € und soll sich um 0,36 € verteuern.
Um wie viel % wird der Preis erhöht?

Rechnung: 4,50 € ≙ 100 %

0,36 € ≙ x %

$$x = \frac{100 \cdot 0{,}36}{4{,}50} = 8$$

oder: $p\% \triangleq \dfrac{P \cdot 100}{G}$

Das Arzneimittel verteuert sich um 8 %.

In 170 g Natronlauge sind 12 g Natriumhydroxid gelöst.
Welche Konzentration in % hat die Lösung?

Rechnung: 170 g ≙ 100 %

12 g ≙ x %

$$x = \frac{100 \cdot 12}{170} = 7{,}06$$

oder: $p\% = \dfrac{100 \cdot 12}{170}$

Die Lösung ist 7,06 %.

15,60 g einer Substanz wurden in 111,40 g Wasser gelöst.
Wie viel % ist die Lösung?

Rechnung: (15,60 g + 111,40 g) = 100 %

15,60 g = x %

$$x = \frac{100 \cdot 15{,}60}{127} = 12{,}28$$

oder: $p\% = \dfrac{100 \cdot 15{,}6}{127}$

Die Lösung ist 12,28 %.

Der Grundwert wird gesucht

Ein Arzneimittel wurde um 8 %, das sind 0,36 €, teurer.
Wie viel kostete es vor der Preissteigerung?

Rechnung:
$$8\% \triangleq 0,36 \text{ €}$$
$$100\% \triangleq x \text{ €}$$
$$x = \frac{0,36 \cdot 100}{8} = 4,50$$

oder:
$$G \triangleq \frac{P \cdot 100}{p\%}$$

Das Arzneimittel kostete 4,50 €.

In welcher Menge 20 % Natriumchlorid-Lösung sind 75 g Natriumchlorid enthalten?

Rechnung:
$$75 \text{ g} \triangleq 20\%$$
$$x \text{ g} \triangleq 100\%$$
$$x \text{ g} = \frac{75 \cdot 100}{20} = 375$$

oder:
$$G = \frac{75 \cdot 100}{20}$$

In 375 g 20 % Lösung sind 75 g Natriumchlorid enthalten.

3.2 ■ Vermehrter oder verminderter Grundwert

Häufig muss von einem Grundwert, der um einen bestimmten Prozentsatz bzw. Prozentwert **vermehrt** oder **vermindert** worden ist, auf den Grundwert zurückgerechnet werden. In diesen Fällen muss zunächst immer erst ermittelt werden, ob der Grundwert vermehrt oder vermindert wurde und um wie viel Prozent.

So handelt es sich beispielsweise bei der Erhebung der Mehrwertsteuer oder bei Zuschlägen auf Einkaufspreise stets um eine Vermehrung, bei Rabatten und Skonti dagegen immer um eine Verminderung des Grundwertes.

Auf Arzneimittel wird der volle Mehrwertsteuersatz von 19 % erhoben. Auf den Betrag von 12,17 € soll die Mehrwertsteuer erhoben werden. Wie hoch ist der Betrag dann?

Rechnung: $\quad 12{,}17\ € \mathrel{\widehat{=}} 100\ \%$
$\qquad\qquad\ \ x\ € \mathrel{\widehat{=}} 119\ \%$
$$x = \frac{12{,}17 \cdot 119}{100} = 14{,}48$$

Der Grundwert 12,17 € wurde also um die Mehrwertsteuer 19 % auf den *vermehrten* Grundwert 14,48 € erhöht.

Wie viel Mehrwertsteuer in € ist in dem Betrag von 14,12 € enthalten?

Rechnung: $\quad 14{,}12\ € \mathrel{\widehat{=}} 119\ \%$
$\qquad\qquad\ \ x\ € \mathrel{\widehat{=}}\ \ 19\ \%$
$$x = \frac{14{,}12 \cdot 19}{119} = 1{,}25$$

Es sind 2,25 € Mehrwertsteuer enthalten.

Bei Bezahlung innerhalb von 14 Tagen werden auf die Rechnung 2 % Skonto gewährt. Es werden 787,52 € überwiesen. Wie hoch war der Rechnungsbetrag?

Rechnung: $\quad 787{,}52\ € \mathrel{\widehat{=}}\ \ 98\ \%$
$\qquad\qquad\ \ \ x\ € \mathrel{\widehat{=}} 100\ \%$
$$x = \frac{787{,}52 \cdot 100}{98} = 803{,}59$$

Der Grundwert x wurde hier um 2 % *vermindert*. Der Rechnungsbetrag lautet auf 803,59 €.

Probe: $\qquad 803{,}59\ € \mathrel{\widehat{=}} 100\ \%$
$\qquad\qquad\ \ \ x\ € \mathrel{\widehat{=}}\ \ \ 2\ \%$
$$x = \frac{803{,}59 \cdot 2}{100} = 16{,}07$$
$$803{,}59\ € - 16{,}07\ € = 787{,}52\ €$$

3.3 ■ Konzentrationsangaben in der pharmazeutischen Praxis

Unter Konzentration c wird der Anteil einer Substanz (Masse, Volumen, Stoffmenge) in einer Masse, einem Volumen oder einer Stoffmenge eines Substanzgemisches verstanden.

Übliche Angaben sind:

- Prozent
- Promille
- »parts per million« (ppm)
- Molarität und Normalität
- Molalität

Massenprozent

Prozent m/m (%) = Prozentgehalt Masse in Masse. Diese Bezeichnung bedeutet prozentualer Massenanteil einer Substanz an der Gesamtmasse eines Substanzgemisches. Sie gibt die Masse in Gramm an, die in 100 g Substanzgemisch enthalten ist. Einheit: g/100 g

$$c\,(\%) = \frac{m}{m_{Gem}} \cdot 100$$

m = Masse des Stoffes in g
m_{Gem} = Masse des Stoffgemisches in g

MERKE

Unter allen nicht näher bezeichneten Prozentangaben ist Massenprozent zu verstehen.

Wie viel Gramm Natriumchlorid sind in 175 g 5 % Natriumchlorid-Lösung enthalten?

Rechnung: Die oben angegebene Definitionsgleichung wird nach m aufgelöst:

$$m = \frac{c\,\% \cdot m_{Gem}}{100}$$

$$m = \frac{5 \cdot 175}{100} = 8{,}75$$

3 Prozent- und Promillerechnung

Mit der Dreisatzrechnung:

in 100 g Lösung sind $\quad 5$ g Natriumchlorid enthalten

in 1 g Lösung sind $\quad \dfrac{5}{100}$ g Natriumchlorid enthalten

in 175 g Lösung sind $\quad \dfrac{5 \cdot 175}{100}$ g Natriumchlorid enthalten

$$\dfrac{5 \cdot 175}{100} \text{ g} = 8{,}75 \text{ g}$$

Als Proportion mit einer Unbekannten:

$$100 : 175 = 5 : x$$
$$100\,x = 5 \cdot 175$$
$$x = \dfrac{5 \cdot 175}{100} = 8{,}75$$

Es sind 8,75 g Natriumchlorid enthalten.

Volumenprozent

Prozent V/V (Vol %) = Prozentgehalt Volumen in Volumen. Diese Bezeichnung bedeutet prozentualer Volumenanteil einer Substanz am Gesamtvolumen eines Substanzgemisches. Sie gibt das Volumen in ml an, das in 100 ml Substanzgemisch enthalten ist. Einheit: ml/100 ml

$$c\,(\text{Vol\,\%}) = \dfrac{V}{V_{Gem}} \cdot 100$$

V = Volumen in der Substanz in ml
V_{Gem} = Volumen des Substanzgemisches in ml

MERKE

Die Konzentration der Ethanol-Wasser-Gemische des Arzneibuches wird als Volumenprozent angegeben.

Wie viel Milliliter 40 % (V/V) Isopropylalkohol können aus 100 ml Isopropylalkohol hergestellt werden?

Rechnung: Die oben angegebene Definitionsgleichung wird nach V_{Gem} aufgelöst:

$$V_{Gem} = \dfrac{V \cdot 100}{c\,(\text{Vol\,\%})}$$

$$V_{Gem} = \dfrac{100 \cdot 100}{40} = 250$$

Es können 250 ml hergestellt werden.

Diese Aufgabe kann ebenfalls wie im vorangegangenen Beispiel mit dem Dreisatz oder als Proportion gelöst werden.

Bei verschiedenen Flüssigkeiten, z. B. Ethanol, konzentrierte Säuren, kann, wenn sie mit Wasser gemischt werden, eine Volumenkontraktion auftreten. Volumina können daher in solchen Fällen weder addiert noch subtrahiert werden.

Massen-/Volumenprozent
Prozent m/V % (m/V) = Prozentgehalt Masse in Volumen. Die Bezeichnung bedeutet prozentualer Massenanteil einer Substanz am Gesamtvolumen eines Substanzgemisches. Sie gibt die Masse in Gramm an, die in 100 ml Substanzgemisch enthalten ist. Einheit: g/100 ml

$$c\,\%\,(m/V) = \frac{m}{V_{Gem}} \cdot 100$$

m = Masse der Substanz in g
V_{Gem} = Volumen des Substanzgemisches in ml

MERKE

Die Konzentration der meisten Reagenz- und Indikatorlösungen des Arzneibuches, aber auch der meisten Injektions- und Infusionslösungen werden als Massen-/Volumenprozent angegeben.

Es sind 250 ml einer 2 % (m/V) Stärkelösung herzustellen.
Wie viel Gramm Stärke sind abzuwiegen?

Rechnung: Die oben angegebene Definitionsgleichung wird nach m aufgelöst:

$$m = \frac{c\,\%\,(m/V) \cdot V_{Gem}}{100}$$

$$m = \frac{2 \cdot 250}{100} = 5$$

Es werden 5 g Stärke benötigt.

Volumen-/Massenprozent
Prozent V/m % (V/m) = Prozentgehalt Volumen in Masse. Die Bezeichnung bedeutet prozentualer Volumenanteil einer Substanz an der Gesamtmasse

eines Substanzgemisches. Sie gibt das Volumen in Millilitern an, das in 100 g Substanzgemisch enthalten ist. Einheit: ml/100 g

$$c\,\%\,(V/m) = \frac{V}{m_{Gem}} \cdot 100$$

V = Volumen der Substanz in ml
m_{Gem} = Masse des Substanzgemisches in g

MERKE

Der ätherische Ölgehalt der Drogen wird in Volumen-/Massenprozent angegeben.

Milligramm-Prozent
Milligramm-Prozent (mg %) bedeutet prozentualer Massenanteil einer Substanz am Gesamt**volumen** eines Substanzgemisches. Es gibt die Masse in Milligramm an, die in 100 ml (= 1 dl) Substanzgemisch enthalten ist. Einheit: mg/100 ml (mg/dl)

$$c\,(mg\,\%) = \frac{m}{V_{Gem}} \cdot 100$$

m = Masse der Substanz in mg
V_{Gem} = Volumen des Substanzgemisches in ml

100 mg % Blutzucker bedeutet also z. B., dass in 100 ml Blut 100 mg Glukose enthalten sind. Im Harn eines Erwachsenen dürfen normalerweise nicht mehr als 30 mg % Glukose, d. h. in 100 ml Harn dürfen beim Gesunden höchstens 30 mg Glukose enthalten sein.

MERKE

Die Konzentrationsangabe Milligramm-Prozent bzw. Milligramm pro Deziliter wird vorwiegend im Zusammenhang mit den Blut-, Harn- und Liquorwerten verwandt.

Promille
Promille (‰) ist ein Tausendstel einer Größe. Diese Bezeichnung wird oft bei sehr kleinen Prozentsätzen bevorzugt.

$$c\,(\text{‰}) = \frac{m}{m_{Gem}} \cdot 1000$$

m = Masse der Substanz in g
m_{Gem} = Masse des Substanzgemisches in g

Der Blutalkoholspiegel wird in Promille ausgedrückt. Die Promillegrenze für Verkehrsteilnehmer im Straßenverkehr ist in der Bundesrepublik derzeit 0,5‰.

> Wie viel Gramm Alkohol darf ein Autofahrer gerade noch im Blut haben, wenn man von 6,5 Litern ≙ 6,871 kg Blut ausgeht?

Rechnung: Die oben angegebene Definitionsgleichung wird nach m aufgelöst

$$m = \frac{c‰ \cdot m_{Gem}}{1000}$$

$$m = \frac{0,5 \cdot 6871}{1000} = 3,4355$$

Im Blut eines Autofahrers dürfen höchstens 3,4 g Alkohol enthalten sein.

Teile pro eine Million Teile (ppm)
ppm steht für »partes per millionem« bzw. »parts per million« und bedeutet Millionstel. Die Bezeichnung gibt also die Teile der gelösten Substanz in 1 Million Teilen Lösung an. Einheit: $g/10^6\ g$

$$c_{ppm} = \frac{m}{m_{Gem}} \cdot 10^6$$

m = Masse der Substanz in g
m_{Gem} = Masse des Substanzgemisches in g

MERKE

> Die Standardlösungen für Grenzprüfungen werden im Arzneibuch in ppm angegeben.

Die bei den Grenzprüfungen der einzelnen Ionen in Klammern stehenden ppm bezeichnen die zulässige Grenzkonzentration. 800 ppm bedeutet also $800 \cdot 10^{-6} = 8 \cdot 10^{-4}$ und entspricht 0,08 % bzw. 0,8‰.

> **Aufgepasst**
> Niedrige Werte sind der Ausdruck einer besonders hohen Giftigkeit.

In der Toxikologie wird der Begriff ppm häufig anstelle der Angabe mg/kg gebraucht: 1 ppm = 1 mg/kg, z. B. bei der sog. LD_{50}, der »Letalen Dosis 50«, das ist die Menge der Substanz, bei der 50 % der Versuchstiere sterben.

3 Prozent- und Promillerechnung

$$
\begin{array}{ll}
1 \text{ Prozent} & \cong 10^4 \text{ ppm} \\
1 \text{ ppm} & \cong 1 \text{ mg/kg} \\
& \cong 1 \text{ g/1 000 kg} \\
& \cong 10^{-4}\,\%
\end{array}
$$

3.4 ∎ Stammlösungen und Hilfsverreibungen

Auf Standgefäßen in der Rezeptur der Apotheken findet man häufig Konzentrationsangaben, wie »1 + 9«, »1 : 20«, »50 = 200« u. a. Sie dienen

1. zur Verarbeitung geringer Mengen stark wirksamer Arzneistoffe, die sich

   ∎ entweder als Hilfsverreibung bzw. Stammlösung besser und genauer abwiegen
   ∎ oder als Verreibung besser verarbeiten lassen,

2. zur Verarbeitung schwer löslicher Stoffe, deren Lösung Zeit in Anspruch nehmen würde.

Als »Verdünnungsmittel« werden indifferente Stoffe, bei Lösungen meist Wasser, bei Verreibungen in der Regel Milchzucker verwandt.

Unter der Bezeichnung »1 + 9« versteht man, dass 1 Massenteil wirksame Substanz und 9 Massenteile »Verschnittmittel« (Wasser, Milchzucker) 10 Massenteile Verreibung bzw. Lösung ergeben. Das entspricht einer Konzentration von 10 %. Sollen also beispielsweise in einer Rezeptur 0,35 g Zinksulfat zu 100 g wässriger Lösung verarbeitet werden, so können statt der 0,35 g Substanz 3,5 g einer wässrigen Hilfslösung 1 + 9 abgewogen werden. Die Mischung der Lösungen ist in diesem Falle einfacher, das Verfahren ist schneller als die Lösung des Stoffes und die geforderte Arzneistoffmenge wird genauer abgemessen.

Die Angabe, wie z. B. »1 + 9«, wird häufig auch als »1 : 10« ausgedrückt.

$$\text{»1 + 9«} \quad \cong \quad \text{»1 : 10«}$$

Beide Hilfslösungen (Hilfsverreibungen) sind 10 %. Das » : «-Zeichen hat hier nicht die Bedeutung eines Rechenzeichens oder die Bedeutung eines Mischungsverhältnisses, wie z. B. 1 : 1 (eins **zu** eins), was zu gleichen Teilen heisst, sondern besagt, dass **auf** 10 Teile Verdünnung (Verreibung) 1 Teil wirksame Substanz kommt. Deshalb ist »1 : 10« eine irreführende und zugleich gefährliche Angabe, die vermieden werden sollte, aber in der Praxis immer noch vorkommt.

MERKE

Während bei der Angabe »1 + 9« die erste Zahl die Arzneistoffmenge und die zweite Zahl die Verschnittmittelmenge angibt, bedeutet bei der Angabe »1 : 10« die zweite Zahl die Gesamtmenge.

Bevor an einigen Beispielen mit diesen Angaben gerechnet werden soll, werden nachfolgend die häufigsten Bezeichnungen auf Standgefäßen mit den entsprechenden Beziehungen zueinander angegeben:

1 + 1	≙ 1 : 2	≙ 50 %
1 + 4	≙ 1 : 5	≙ 20 %
1 + 9	≙ 1 : 10	≙ 10 %
1 + 19	≙ 1 : 20	≙ 5 %
1 + 49	≙ 1 : 50	≙ 2 %
1 + 99	≙ 1 : 100	≙ 1 %
1 + 999	≙ 1 : 1000	≙ 1 ‰
1 + 4999	≙ 1 : 5000	≙ 0,2 ‰

»1 : 1000« und »1 : 5000« sind z. B. brauchbare Konzentrationen für Stammlösungen der Konservierungsstoffe bei der Herstellung von Augentropfen. Selbstverständlich müssen diese Stammlösungen mit Aqua ad iniectabilia hergestellt werden.

Steht auf einem Standgefäß die Angabe »50 = 200«, so bedeutet dies, dass in 50 g der im Standgefäß befindlichen »Standardlösung« die für 200 g Arzneizubereitung vorgeschriebenen Mengen wirksamer Substanzen enthalten sind. Zur Abgabe von 200 g Arzneizubereitung sind also nur noch 50 g des Konzentrats abzuwiegen und mit Wasser auf 200 g zu ergänzen.

Lakritzehaltige Ammoniumchlorid-Lösung 2,5 % (Mixtura solvens) NRF 4.6. wird nach folgender Vorschrift angefertigt:

Rp: Ammonii chlorati   5,0 (1 + 4)
    Succi Liquiritae   5,0 (1 : 2)
    Aquae conservantis ad 200,0

Die in Klammern angegebenen Stammlösungen sind zu verwenden.

Rechnung: 5 g Hilfslösung enthält   1 g Ammonium chloratum
x_1 g Hilfslösung enthalten   5 g Ammonium chloratum

$$x_1 = \frac{5\,g \cdot 5\,g}{1\,g} = 25\,g \text{ Hilfslösung } 1+4$$

2 g Hilfslösung enthält   1 g Succus Liquiritiae
x_2 g Hilfslösung enthalten   5 g Succus Liquiritiae

$$x_2 = \frac{2\,g \cdot 5\,g}{1\,g} = 10\,g \text{ Hilfslösung } 1:2$$

Da in den Hilfslösungen bereits Wasser enthalten ist, muss dies von der vorgeschriebenen Wassermenge abgezogen werden, denn die angefertigte Rezeptur darf die Gesamtmenge von 200 g nicht überschreiten:

200 g − 25 g − 10 g = 165 g Wasser sind noch erforderlich. Die Wägung des Wassers und damit auch die Berechnung der Wassermenge erübrigen sich allerdings meistens, da auf der Rezepturwaage »ad die verordnete Menge« ergänzt wird.

3.5 ■ Übungsaufgaben zur Prozent- und Promillerechnung

1. Von den folgenden Nettobeträgen sind die Verkaufspreise mit 19 % Mehrwertsteuer (MwSt.) zu errechnen:

   36,70 €;   3,98 €;   11,45 €;   5,14 €;   111,10 €

2. Wie viel Mehrwertsteuer (19 %) ist in folgenden Verkaufspreisen enthalten?

   13,75 €;   45,30 €;   17,80 €;   1,75 €;   111,– €

3. Eine Rechnung lautet auf 7386,57 €. Bei Sofortzahlung dürfen 3 %, nach 10 Tagen noch 2 % Skonto abgezogen werden, nach 20 Tagen muss der gesamte Betrag ohne Abzug bezahlt werden.
   Welche Skonti können jeweils abgezogen werden?

4. Der Großhandel räumt 4,5 % Barrabatt ein.
   Wie viel € können bei einem Rechnungsbetrag von 5380,– € abgezogen werden?

5. Für eine Arzneimittelrechnung überweist ein Apotheker nach Abzug von 6 % Barrabatt 1367,50 €.

   a) Wie hoch ist der Rechnungsbetrag?
   b) Welchen Betrag macht der Rabatt aus?

6. Ein Arzneimittel aus einer Klinikpackung kostet 0,70 € pro Einzeldosis und ist damit um 12,5 % billiger als in der N1-Packung mit 20 Einzeldosen.
   Wie viel kostet die N1-Packung?

7. 20 g Natriumcarbonat werden in 200 g Wasser gelöst.
   Wie viel prozentig (m/m) ist die Lösung?

8. Aus 7 g Kochsalz werden mit Wasser 85 g Lösung hergestellt.
   Wie viel prozentig (m/m) ist die Lösung?

9. Aus 36 % (m/m) Salzsäure sollen 250 g 12,5 % (m/m) Salzsäure hergestellt werden.
   Wie viel Salzsäure und wie viel Wasser benötigen Sie?

10. Wie viel ml 5 % (m/V) Glukose-Lösung sind aus 80 g Glukose herzustellen?

11. Wie viel prozentig (m/m) ist eine Lösung, die in 250 g 650 mg Natriumchlorid enthält?

12. Nach der Schaufenster-Werbung hat der Umsatz des beworbenen Artikels um 16 % auf 396,50 € im betreffenden Monat zugenommen.
    Wie hoch war der Umsatz vorher?

13. Wegen verzögerter Lieferung gewährte eine Herstellerfirma einen Nachlass von 5 % und berechnete nur 409,68 €.
    Wie viel Nachlass in € hat die Firma gegeben?

14. Eine Apotheke kauft 5 kg Pfefferminzplätzchen (Rotulae Menthae piperitae) für netto (ohne MwSt.) 50,– € ein. Sie werden in Beuteln zu 40 g abgefüllt und zu einem Stückpreis von 1,– € inkl. 19 % MwSt. verkauft. Für 100 Leerbeutel mussten netto (ohne MwSt.) 4,– € bezahlt werden.
    Wie viel Prozent betragen Zuschlag und Gewinn?

15. Für den Auftrag über 100 Packungen eines Arzneimittels bietet eine pharmazeutische Firma 4,5 % Barrabatt und 2,5 % Skonto und fügt der

Sendung außerdem 10 % Naturalrabatt bei. Der Brutto-Rechnungsbetrag lautet über 480,– € vor Abzug des Skontos und des Barrabattes. Wie viel kostet eine Packung im Vergleich zum regulären Einkaufspreis? Drücken Sie die Ersparnis in € und Prozent aus!

16. 540 g Salzsäure enthalten 194,9 g Chlorwasserstoff.
    Wie viel prozentig (m/m) ist die Säure?

17. Ein orales Kontrazeptivum wird in drei Packungsgrößen angeboten:

    21 Tabletten kosten 11,10 €
    3 · 21 Tabletten kosten 29,05 €
    6 · 21 Tabletten kosten 52,– €

    a) Wie viel Prozent sparen Sie beim Kauf der 6er-Packung gegenüber der Einmonatspackung?
    b) Wie viel Prozent teurer ist die Einmonatspackung gegenüber der Dreimonatspackung?

18. Eine Einreibung gegen Erkältung enthält

    14,90 %   Campher
     9,33 %   Eukalyptusöl
     9,33 %   Fichtennadelöl
     1,27 %   Latschenkiefernöl
     1,75 %   Terpentinöl
     2,72 %   Menthol

    Der Rest ist Salbengrundlage.

    a) Welche Mengen in Gramm der einzelnen Bestandteile sind für 35,5 kg Einreibemittel erforderlich?
    b) Wie viel kg Salbengrundlage sind notwendig?
    c) Wie viel Tuben zu 40 g Fassungsvermögen können gefüllt werden, wenn bei der Herstellung und Abfüllung mit 1,25 % Verlust gerechnet werden muss?

19. Bei einer Polizeikontrolle werden einem Autofahrer 4 ml Blut abgenommen, in denen ein Alkoholanteil von 4,4 mm^3 festgestellt wird.
    Drücken Sie den Alkoholgehalt in Promille (V/V) aus!
    (1 ml ≈ 1 cm^3)

20. Wie viel % (V/V) ist ein Ethanol-Wasser-Gemisch, welches in 25 l 23,85 l Ethanol enthält?

21. 25 ml einer 0,2 % (m/V) Lösung sind herzustellen. Wie viel Substanz wird benötigt?

22. 70 g 35 % (m/m) Salzsäure werden mit Wasser zu 100 ml verdünnt.
    Wie viel prozentig (m/V) ist die Lösung?

23. 25 g 79 % (m/m) Schwefelsäure werden mit Wasser zu 250 ml verdünnt.
    Wie viel prozentig (m/V) ist die Verdünnung?

24. 500 g einer 30 % (m/m) Lösung werden mit 300 g Wasser verdünnt.
    Wie viel prozentig (m/m) ist die erhaltene Lösung?

25. 5 kg Ethanol 86,6 % (m/m) sollen aus 94 % (m/m) Ethanol hergestellt werden.
    Wie viel g Ethanol und wie viel g Wasser sind dazu notwendig?

26. Aus 250 g einer 20 % (m/m) Natriumchlorid-Lösung werden 50 g Wasser abgedampft.
    Welche Konzentration hat die entstandene Lösung?

27. Wie viel g Natriumchlorid enthält eine 12 % (m/m) Natriumchlorid-Lösung, die aus 140 g Wasser durch Zugabe des Salzes hergestellt wurde?

28. In wie viel ml einer Lösung mit der Konzentration 90 g/l sind 10 g des gelösten Stoffes enthalten?

29. In 150 ml einer Lösung sind 24,45 g des gelösten Stoffes enthalten.
    Wie groß ist die Konzentration in g/l?

30. Arnikatinktur soll laut Arzneibuch einen Trocknungsrückstand von mindestens 1,7 % haben.
    Entspricht eine Tinktur den Anforderungen, wenn von 3,050 g Einwaage nach dem Trocknen 111,2 mg zurückbleiben?

31. In einem Mineralwasser finden Sie 0,2 mg Schwermetalle pro 50 ml-Probe.
    Wie viel ppm (m/V) sind das?

Stammlösungen und Hilfsverreibungen
Folgende Rezepturen sind unter Verwendung der in Klammern angegebenen Hilfsverreibungen (Hv) bzw. Stammlösungen (Stl.) anzufertigen. Neben den Mengen an Hilfsverreibung bzw. Stammlösung ist auch jeweils die Menge Lösungs- bzw. Verdünnungsmittel zu berechnen.

32. Atropinum sulfuricum   0,2   (1 + 9)
    Acidum boricum   0,1   (3 %)
    Aqua purificata   ad   10,0

33. Zincum sulfuricum 0,35 (1 + 9)
    Acidum boricum 1,75 (3 %)
    Aqua purificata ad 100,0

34. Solutio Dexpanthenoli 1 % 20,0 (1 = 100)

35. Morphinum hydrochloricum 0,08 (1 + 49)
    Benzalkonium chloratum 0,005 (0,2 : 100)
    Aqua purificata ad 100,0

36. Acidum lacticum 0,3 (3 % wässrige Lösung)
    Sulfur praecipitatum 1,2 (Sulf. praec./Ungt. Alcoh. Lan. 1 : 2)
    Zincum oxidatum 2,0 (Zinc. oxid./Ungt. Alcoh. Lan. 1 + 9)
    Unguentum Alcoholum Lanae
    Aqua purificata aa ad 50,0

37. Epinephrinum hydrochloricum 0,005 (1 : 1000)
    Argentum albuminoacetylotannicum cum Borace 0,6 (1 + 9)
    Aqua purificata ad 30,0

38. Kalium chloratum 0,2 (1 + 19)
    Calcium chloratum 0,25 (1 : 10)
    Natrium hydrogencarbonicum 0,5 (1 + 49)
    Natrium chloratum 4,0 (1 + 4)
    Aqua purificata ad 500,0
    m. f. inf.

39. Extractum Belladonnae 0,02 (1 : 10)
    Massa suppositorium ad 2,0
    m. f. supp. d. tal. dos. Nr. VI

4 Physikalische Messgrößen und Einheiten

4.1 ■ Basisgrößen und ihre Einheiten

»Physikalische Basisgröße« bedeutet, dass eine Eigenschaft oder ein Vorgang, der in der Natur beobachtet werden kann, zahlenmäßig erfasst wird. Im Jahre 1960 wurde das *Internationale Einheitensystem* (SI = **S**ystème **I**nternational d'Unités) beschlossen. Es wurden 7 Basisgrößen eingeführt, die festgelegte Standards (Einheiten) sind.

Basisgröße		Basiseinheit	
Bezeichnung	Symbol	Bezeichnung	Symbol
Länge	l	Meter	m
Masse	m	Kilogramm	kg
Zeit	t	Sekunde	s
Elektrische Stromstärke	I	Ampere	A
Thermodynamische Temperatur	T	Kelvin	K
Lichtstärke	I_v	Candela	cd
Stoffmenge	n	Mol	mol

Die Einheiten werden durch geeignete Geräte oder durch Prozesse bestimmt. So ist z. B. das *Meter* die Basis-Einheit der Länge. Das Standardmaß, auf das wir uns verlassen müssen, ist das »Urmeter«, ein materielles Objekt in Form einer Platin-Iridium-Schiene. Es wird bei konstanter Temperatur und konstantem Druck in Paris aufbewahrt und dient als Grundlage für die Messung aller anderen Längen. Seit 1983 ist das »Meter« als die Strecke definiert, die Licht im 299 742 458sten Teil einer Sekunde zurücklegt.

4.2 ■ Abgeleitete SI-Einheiten

Neben diesen Basiseinheiten gibt es eine Reihe abgeleiteter SI-Einheiten; das sind solche, die sich ohne Umrechnungsfaktoren aus den Basiseinheiten ableiten lassen. In der folgenden Tabelle steht eine Auswahl solcher abgeleiteter Einheiten:

4 Physikalische Messgrößen und Einheiten

abgeleitete Größe		abgeleitete Einheit	
Bezeichnung	Symbol	Bezeichnung	Symbol
Volumen	V	Kubikmeter	m³
Dichte	ϱ[1]	Kilogramm pro Kubikmeter	kg · m⁻³
Kraft	F	Newton	N[1]
Druck	P	Pascal	Pa
Energie, Arbeit, Wärmemenge	W	Joule	J[1]
Stoffmengenkonzentration	c_m	Mol pro Kubikmeter	mol · m⁻³

[1] ϱ: sprich roh; N: sprich njutn; J: sprich dschul

4.3 ■ Andere Messgrößen

Schließlich gehören einige früher eingeführte Einheiten zwar nicht zu den SI-Einheiten, sind aber dennoch zugelassen und dürfen weiterhin benutzt werden:

Größe		Einheit	
Bezeichnung	Symbol	Bezeichnung	Symbol
Masse	m	Gramm	g
Volumen	V	Liter	l[1]
Temperatur	t	Grad Celsius	°C[2]
Zeit	t	Minute	min
		Stunde	h
		Tag	d
Dichte	ϱ	Gramm pro Kubikzentimeter[3]	g · cm⁻¹
Stoffmengenkonzentration	c_m	Mol pro Liter	mol · l⁻¹

[1] 1 l = 1 dm³ = 0,001 m³
[2] Kelvin = °Celsius + 273,15
[3] Nach Ph. Eur. kg · m⁻³ = 10⁻³ g · cm⁻³, üblich g · ml⁻¹

4.4 ■ SI-Präfixe

Um komplizierte Zahlenangaben zu vereinfachen, werden Bruchteile und Vielfache der Maßeinheiten als Zehnerpotenzen angegeben. Dazu verwendet man Vorsilben und Symbole, die vor der betreffenden Maßeinheit geführt werden.

Faktor		Vorsilbe	Symbol		Beispiel
10^{12}	= billionenfach	Tera	T	T	Teraohm
10^{9}	= milliardenfach	Giga	G	GHz	Gigahertz
10^{6}	= millionenfach	Mega	M	MW	Megawatt
10^{3}	= tausendfach	Kilo	k	kg	Kilogramm
10^{2}	= hundertfach	Hekto	h	hl	Hektoliter
10^{1}	= zehnfach	Deka	da	dag	Dekagramm
10^{-1}	= zehntel	Dezi	d	dm	Dezimeter
10^{-2}	= hundertstel	Centi	c	cm	Zentimeter
10^{-3}	= tausendstel	Milli	m	ml	Milliliter
10^{-6}	= millionstel	Mikro	µ	µm	Mikrometer
10^{-9}	= milliardstel	Nano	n	nm	Nanometer
10^{-12}	= billionstel	Piko	p	pg	Pikogramm
10^{-15}	= billiardstel	Femto	f	fs	Femtosekunde
10^{-18}	= trillionstel	Atto	a	am	Attometer

MERKE

Es darf nie mehr als eine Vorsilbe mit einer Einheit kombiniert werden.

Soll mit Zahlen gerechnet werden, die unterschiedliche Dimensionen haben, müssen zuerst alle Zahlenwerte auf die gleiche Dimension umgerechnet werden.

1 Gramm	g	10^{-3} kg	(= 1 g)
1 Milligramm	mg	10^{-6} kg	(= 10^{-3} g)
1 Mikrogramm	µg	10^{-9} kg	(= 10^{-6} g oder 10^{-3} mg)
1 Pikogramm	pg	10^{-12} kg	(= 10^{-9} g oder 10^{-6} mg)
1000 Liter		1 m^3	(Kubikmeter)
100 Liter	hl	0,1 m^3	
1 Kubikdezimeter	dm^3	1000 cm^3	(= 10^{6} mm^3)
1 Kubikzentimeter	cm^3	1000 mm^3	(= 10^{3} µl)
1 Milliliter	ml	10^{-3} l	(= 1 cm^3)
1 Mikroliter	µl	10^{-6} l	(= 1 mm^3)

Auch Einheiten werden häufig mit negativen Exponenten geschrieben:

$$g/ml = g \cdot ml^{-1}; \quad g/mol = g \cdot mol^{-1}; \quad mol/l = mol \cdot l^{-1}$$

4.5 ■ Stoffmengenkonzentration

Die Stoffmengenkonzentration c_m entspricht in ihrem Zahlenwert der Molarität. Während die *Molarität* jedoch als Anzahl Mol pro Liter eine Verhältniszahl ohne Dimension ist, hat die Stoffmengenkonzentration als Einheit

4 Physikalische Messgrößen und Einheiten

mol · l⁻¹. Sie ist der Quotient aus der Stoffmenge n der gelösten Substanz in mol und dem Volumen V der Lösung in Liter und gibt also die in 1 Liter Lösung gelöste Stoffmenge in mol an.

$$c_m = \frac{n}{V} \; [\text{mol} \cdot l^{-1}]$$

n = Stoffmenge der gelösten Substanz in mol
V = Volumen der Lösung in l

MERKE

mol heißt Molekulargewicht der Substanz in Gramm zum Liter gelöst.

Da die Stoffmenge der gelösten Substanz in mol (n) der Quotient aus Masse m und molarer Masse M_m ist, ergibt sich für n die Beziehung:

$$n = \frac{m}{M_m}$$

Ersetzt man n in der Definitionsgleichung für die Stoffmengenkonzentration durch diesen Quotienten, erhält man

$$c_m = \frac{m}{M_m \cdot V}$$

m = Masse der gelösten Substanz in g
M_m = molare Masse der gelösten Substanz in g · mol⁻¹ (Molekulargewicht in g)
V = Volumen der Lösung in l

Welche molare Konzentration hat eine Lösung, die in 3 Litern 54,69 g Chlorwasserstoff enthält? M_m HCl = 36,46 g

Rechnung:
$$c_m = \frac{54{,}69}{36{,}46 \cdot 3}$$

$$c_m = 0{,}5$$

Die Aufgabe lässt sich auch mit der Dreisatzrechnung lösen.

Rechnung: Zunächst wird die Gramm-Menge HCl pro Liter berechnet:

$$\frac{3}{54{,}69} = \frac{1}{x_1}$$

$$x_1 = \frac{54{,}69 \cdot 1}{3} = 18{,}23$$

In 1 l Lösung sind 18,23 g Chlorwasserstoff enthalten. Nun wird in mol umgerechnet:

$$\frac{36,46}{1} = \frac{18,23}{x_2}$$

$$x_2 = \frac{1 \cdot 18,23}{36,46} = 0,5$$

Die Lösung ist 0,5 molar.

In älteren Arzneibüchern und auch Lehrbüchern werden für die Stoffmengenkonzentration mol·l^{-1} die Begriffe Molarität oder molare Konzentration verwendet. Die Konzentration der volumetrischen Lösungen für Gehaltsbestimmungen wird dann beispielsweise mit 0,1 m oder 1 m bzw. 0,1 M oder 1 M angegeben.

Ein anderer Begriff, der nicht mehr verwendet wird, ist *Normalität*. Normalität ist der Quotient aus der äquivalenten Menge der gelösten Substanz in mol und dem Volumen der Lösung in Litern. Er gibt die Stoffmenge, bezogen auf die wirksame Wertigkeit der Substanz an, die zum Liter gelöst worden ist. Abkürzungen: 0,1 n oder 1 n bzw. 0,1 N oder 1 N.

Die *Molalität* unterscheidet sich von der Molarität dadurch, dass die Stoffmenge der gelösten Substanz nicht auf das Gesamtvolumen der Lösung in Litern, sondern auf 1 Kilogramm Lösungsmittel berechnet wird.

4.6 ■ pH-Wert

Der pH-Wert ist definiert als der negative dekadische Logarithmus der Wasserstoffionenkonzentration. Dekadische Logarithmen (Symbol: lg) sind die Exponenten zur Basis 10, die als Potenz einen bestimmten Wert haben. Bildet man z. B. den Logarithmus von 10^{-9}, so ergibt sich:

$$\lg 10^{-9} = -9$$

Der negative dekadische Logarithmus ist demnach

$$-\lg 10^{-9} = 9$$

4 Physikalische Messgrößen und Einheiten

In reinem Wasser haben sowohl die molare Wasserstoffionenkonzentration, als $[H_3O]^+$ vorliegend, wie auch die molare Hydroxidionenkonzentration (OH^-) den Wert 10^{-7}, denn

$$10^{-7} \cdot 10^{-7} = 10^{-14}$$

In negativen dekadischen Logarithmen ausgedrückt:

$$pH + pOH = 7 + 7 = 14$$

In sauren Lösungen ist die $[H_3O^+]$-Konzentration hoch, die $[OH^-]$-Konzentration muss entsprechend kleiner sein. Der pH-Wert der sauren Lösungen liegt zwischen 0 und 6,99, der von alkalischen Lösungen liegt zwischen 7,01 und 14. Eine neutrale Lösung hat den pH-Wert 7.

Ist der pH-Wert kleiner als 7 (pH < 7), so bedeutet dies, dass die Wasserstoffionenkonzentration größer als 10^{-7} ist, $c_m (H^+) > 10^{-7}$, also z. B. 10^{-6} oder 10^{-1}: Die Lösung ist sauer.

Ist der pH-Wert größer als 7 (pH > 7), hat die Wasserstoffionenkonzentration einen kleineren Wert als 10^{-7}, also z. B. 10^{-8} oder 10^{-12}: Die Lösung ist alkalisch.

Da das Ionenprodukt $c_m (H^+) \cdot c_m (OH^-)$ in wässrigen Lösungen stets 10^{-14} beträgt, müssen sich die Wasserstoffionenkonzentration und die Hydroxidionenkonzentration immer zu 14 ergänzen. Ist also der pH-Wert 6, muss der pOH-Wert 8 sein.

> Die wässrige Lösung einer Säure hat einen pH-Wert von 3.
> Wie groß ist die Hydroxidionenkonzentration?

Die Wasserstoffionenkonzentration beträgt 10^{-3}. Daher ist nach der Gleichung $c_m (H^+) \cdot (OH^-) = 10^{-14}$ die Hydroxidionenkonzentration

$$c_m (OH^-) = \frac{10^{-14}}{10^{-3}} = 10^{-11}$$

> Welchen pH-Wert hat eine 0,01 molare Salzsäure?

Rechnung: Nach der Gleichung

$$HCl + H_2O \rightarrow H_3O^+ + Cl^-$$

geht aus jedem HCl-Molekül mit Wasser ein Oxoniumion hervor. Daraus folgt: Aus 0,01 mol HCl entstehen 0,01 mol H_3O^+

$$c_m(H_3O^+) = 0,01 = 10^{-2} \text{ mol} \cdot l^{-1}$$
$$pH = -\lg 0,01 = 2$$

Eine 0,01 molare Salzsäure hat den pH-Wert von 2.

> Wie groß ist der pH-Wert einer 0,1 molaren Natronlauge?

Rechnung: Da auch Natronlauge in wässriger Lösung praktisch völlig dissoziiert vorliegt, ist die molare OH^--Konzentration ebenfalls $0,1 = 10^{-1}$:

Aus $c_m(H_3O^+) \cdot c_m(OH^-) = 10^{-14}$ folgt

$$c_m(H_3O^+) = \frac{10^{-14}}{10^{-1}} = 10^{-13} \text{ mol} \cdot l^{-1}$$

Der pH-Wert einer 0,1 molaren Natronlauge ist 13.

4.7 ■ Übungsaufgaben zu physikalischen Messgrößen und Einheiten

1. Addieren Sie folgende Messgrößen:
   a) $19\,233$ mm $+ 580,50$ cm $+ 25,95$ dm $=$ m
   b) $21\,018$ mg $+ 9,720$ g $+ 0,03255$ kg $=$ g
   c) $1\,282$ µl $+ 38,70$ ml $+ 1,730$ l $=$ ml

2. Addieren und subtrahieren Sie die folgenden Messgrößen:
   a) 257 mg $- 159$ g $+ 1,750$ kg $- 522$ g $=$ g
   b) $4,37$ m $- 10,24$ m $+ 12,42$ m $+ 87$ cm $=$ cm
   c) $6,135$ m^3 $- 173,2$ dm^3 $+ 8\,430$ mm^3 $- 750$ cm^3 $=$ m^3

4 Physikalische Messgrößen und Einheiten

3. Schreiben Sie als Faktor mit Zehnerpotenz:
   a) 87,20 cm = km
   b) 27,80 g = µg
   c) 0,255 l = ml

4. Schreiben Sie in µg als Dezimalzahl und als Zehnerpotenz:
   a) 278 mg
   b) 1560 g

5. Schreiben Sie in g als Dezimalzahl und als Zehnerpotenz:
   a) 2,568 kg
   b) 278 mg
   c) 30,5 mg
   d) 5,0 mg

6. Schreiben Sie in ml:
   a) 3,56 l
   b) 1,3 hl

7. Die molare Konzentration einer Lösung, die in 2 Litern 240 Gramm Silbernitrat enthält, ist zu berechnen. $M_m AgNO_3$: 169,84 g · mol^{-1}

8. Welchen pH-Wert haben eine
   a) 1 molare Schwefelsäure
   b) 0,01 molare Kalilauge

9. Ordnen Sie die folgenden pH-Werte nach »saurer, neutraler und alkalischer Reaktion«: 5, 11, 7, 13, 1, 0

10. Wie hoch ist die H^+-Ionenkonzentration der folgenden pH-Werte:
    a) 0
    b) 1
    c) 5
    d) 7

11. Wie hoch ist die OH^--Ionenkonzentration der folgenden pH-Werte:
    a) 11
    b) 13

5 Pharmazeutische Messgrößen und Einheiten

5.1 ■ Dosierungsmaße für Arzneimittel

Im Deutschen Arzneibuch 9. Ausgabe waren im Anhang die wichtigsten auch heute noch gelegentlich gebräuchlichen Dosierungsmaße für flüssige Arzneimittel aufgeführt. Im täglichen Umgang mit Patienten ist es jedoch notwendig, die Dosierung der flüssigen Arzneimittel berechnen zu können.

1 Kaffee-, Teelöffel	≈	5 ml
1 Kinder-, Dessertlöffel	≈	10 ml
1 Esslöffel	≈	15 ml

andere Maße:

1 Messerspitze	≈	0,5–1 g
1 Wasserglas	≈	150 ml
20 Tropfen Wasser bzw. wässrige Lösung	≈	1 g
40 Tropfen ätherisches Öl	≈	1 g
55 Tropfen Tinktur	≈	1 g

Oft sind in Gebrauchsanweisungen auch Dosierungen wie

»1 Esslöffel voll auf 1 Glas Wasser« oder
»Im Mischungsverhältnis 1:100 zu gebrauchen«

zu lesen.

Für solche oder ähnliche Anweisungen gelten folgende Maße:

1 Esslöffel voll auf 1 Glas Wasser	≈	15 ml/150 ml ≙ 1: 10
1 Kaffeelöffel voll auf $^{1}/_{2}$ Glas Wasser	≈	5 ml/ 75 ml ≙ 1: 15
1 Esslöffel voll auf $^{1}/_{2}$ Liter Wasser	≈	15 ml/500 ml ≙ 1: 33
1 Teelöffel voll auf $^{1}/_{2}$ Liter Wasser	≈	5 ml/500 ml ≙ 1:100

Die Maße entbehren selbstverständlich jeglicher wissenschaftlicher Grundlage und sind nur für grobe Überschlagsrechnungen geeignet.

Bei der Berechnung der Dosierung ist grundsätzlich darauf zu achten,

- ob Dosierungen absolut oder auf das Körpergewicht bezogen angegeben sind,
- ob es sich bei den Angaben um Einzeldosierungen oder Tagesdosen handelt,
- in welchen Einheiten Dosierung und Gehaltsangabe angegeben sind.

Sofern Dosierung und Gehaltsangabe nicht die gleiche Dimension haben, muss umgerechnet werden.

Die Ph. Eur. schreibt vor, dass für Abmessungen der Volumina aus Flüssigkeiten normalerweise Löffel oder Becher mit 5 ml Fassungsvermögen oder einem Mehrfachen davon zu verwenden sind. Wenn die Dosis als Tropfen eingenommen werden soll, müssen auf der Beschriftung angegeben werden die

- Anzahl als Tropfen je Milliliter der Zubereitung oder
- Anzahl der Tropfen je Gramm der Zubereitung.

5.2 ■ Dosierungen für Erwachsene

> Ein Hustensaft enthält 1 g Codeinphosphat in 200 ml. Der Patient soll zweistündlich einen Esslöffel voll einnehmen.
>
> Ist die Dosierung zulässig?

Rechnung: Größte Einzelgabe: 0,1 g
Größte Tagesgabe: 0,3 g
1 Esslöffel ≈ 15 ml

200 ml Hustensaft enthalten 1 g Codeinphosphat
15 ml Hustensaft enthalten x g Codeinphosphat

$$x = \frac{1 \cdot 15}{200} g = 0{,}075 \text{ g}$$

0,075 g liegen unter der vorgeschriebenen Einzelhöchstgabe. Die Dosierung 1 Esslöffel ist also gestattet.

$$0{,}3 \text{ g} : 0{,}075 = 4$$

So dürfte dieser Hustensaft höchstens viermal täglich eingenommen werden. Die Dosierung zweistündlich ist also nicht statthaft.

Sofern auf dem Rezept die eindeutige Absicht zur Überschreitung der Tageshöchstgabe nicht erkennbar ist, muss Rücksprache mit dem Arzt genommen werden.

5.3 ■ Dosierungen für Kinder

Höchstdosen für Kinder sind im Gegensatz zu den Höchstdosen für Erwachsene nicht eindeutig festgelegt. Es ist auch sehr schwierig, zuverlässige Höchstdosen für Kinder anzugeben, da sich Funktionen und Körpermaße im Verlauf der kindlichen Entwicklung zu schnell wandeln. Daher ist es wesentlich sinnvoller, »mittlere Gebrauchsdosen«, sog. Richtdosen für Kinder zu errechnen. Aus pädiatrischen Dosistabellen können entsprechende Dosierungen für die wichtigsten Arzneistoffe entnommen werden. Solche »mittleren Gebrauchsdosen« dienen natürlich nur als Anhaltspunkte und können in der Regel um ± 25 % über- oder unterschritten werden, ohne dass die Gefahr der Überdosierung bestünde oder eine unwirksame Dosis erreicht würde.

Oft werden Dosisanweisungen für ganze Altersgruppen (Säuglinge, Kleinkinder, Schulkinder) angegeben. Diese Angaben sind wenig geeignet, denn sie haben einen viel zu großen Ermessensspielraum:

»Für Schulkinder 0,5 bis 1,0 g« bedeutet, dass sowohl das Alter als auch die Dosierung um 100 % schwanken können. Eine Dosisangabe in »mittlere Dosis/kg Körpergewicht« wäre sicher wesentlich sinnvoller. Dennoch ist es unmöglich, die Dosis eines Arzneimittels allein proportional zum Alter oder zum Körpergewicht eines Kindes festzusetzen. Denn es gibt Arzneistoffe, gegen die der Säugling überempfindlich reagiert, z. B. Opiate, Analgetika, aber auch solche, die Säuglinge und Kleinkinder besser vertragen als Erwachsene, z. B. Atropin, Chinin, Iod.

Unter diesen Vorbehalten ist nachstehende Formel für die Errechnung mittlerer Richtdosen für Kinder zu verstehen:

Kindern gibt man ab dem ersten Lebensjahr $(4 \cdot \text{Alter} + 20)\,\%$ der Erwachsenendosis.

Ein fünfjähriges Kind erhält also $4 \cdot 5 + 20 = 40\,\%$ der Erwachsenendosis.

Die Tagesdosis eines Arzneistoffes beträgt für Erwachsene 1,5 g.
Wie viel mg erhält ein dreijähriges Kind?

Rechnung:
$$4 \cdot 3 + 20 = 32\,\%$$
$$1{,}5\,\text{g} = 1500\,\text{mg} = 100\,\%$$
$$x = 32\,\%$$

$$x = \frac{1500 \cdot 32}{100}\,\text{mg} = 480\,\text{mg}$$

Ein dreijähriges Kind erhält 480 mg des Arzneistoffes als Tagesdosis.

5.4 ■ Maximaldosis

Bei der Maximaldosis handelt es sich um die amtlich festgesetzte Höchstgabemenge eines Arzneimittels. Sie ist ebenfalls wie die üblichen Dosen (Normdosen, mittlere Einzelgaben) keine therapeutische Grenze. Im Allgemeinen beträgt die Maximaldosis das 3- bis 4-fache der Normdosis. Unter der größten Tagesgabe ist die sich auf 24 Stunden verteilende Menge zu verstehen.

Beabsichtigt der Arzt die Überschreitung der Maximaldosis eines Arzneimittels, so muss er dies auf dem Rezept deutlich machen und zusätzlich durch ein Ausrufezeichen hinter der verordneten Menge und die Wiederholung der Menge in Buchstaben kennzeichnen. Fehlen diese Angaben, so muss man sich vergewissern, ob die Überschreitung beabsichtigt war.

5.5 ■ Berechnung der Isotonie

In einem Lösungsmittel bewegen sich die gelösten Teilchen mit großer Geschwindigkeit und üben, sobald sie auf eine semipermeable Membran stoßen, die zwar für das Lösungsmittel, jedoch nicht für sie selbst durchlässig ist, einen Druck aus: den *osmotischen Druck*.

Lösungen mit gleichem osmotischen Druck heißen *isotonisch*. Ist ihr osmotischer Druck im Vergleich zu Normalverhältnissen höher, so nennt man sie *hypertonisch*, ist er niedriger, heißen sie *hypotonisch*.

Da die Zellwände unseres Organismus semipermeable Membranen sind, kann die Aufnahme und Verträglichkeit einer Arzneistofflösung durch den von ihr ausgehenden osmotischen Druck beeinflusst werden. Aus diesem Grunde sollten Augentropfen, Augenwässer, Injektions- und Infusionslösungen möglichst isotonisch sein. Parenteralia, die in Muskeln oder Gewebe appliziert werden, müssen den gleichen osmotischen Druck wie das Blut haben, der osmotische Druck von Augentropfen sollte dem der Tränenflüssigkeit entsprechen, um Unverträglichkeiten zu vermeiden.

Da in einem Lösungsmittel gelöste Stoffe die Erniedrigung ihres Gefrierpunktes bewirken, die bei gegebenem Lösungsmittel nur von der Zahl der Teilchen, nicht von ihrer Art abhängig ist, kann der osmotische Druck auch mit der Gefrierpunktserniedrigung des betreffenden Arzneistoffes berechnet, also die Frage beantwortet werden, ob die Lösung isotonisch, hypertonisch oder hypotonisch ist.

Die Konzentration einer 0,9 % (m/V) Kochsalzlösung (»physiologische Kochsalzlösung«) entspricht dem osmotischen Druck der Körperflüssigkeiten. Um Arzneimittellösungen leicht auf den osmotischen Wert des Kochsalzes umrechnen zu können, wurde daher das **Natriumchlorid-Äquivalent** (E-Wert) eingeführt.

MERKE

Das Natriumchlorid-Äquivalent (E-Wert) gibt an, wie viel Gramm Kochsalz einem Gramm des betreffenden Arzneistoffes hinsichtlich seines osmotischen Druckes entsprechen.

Arzneistofflösungen, die aufgrund der enthaltenen Arzneistoffe hypertonisch sind, können nicht isotonisiert werden. Würde man sie durch Verdünnung isotonisch machen, könnte die vorgeschriebene Dosierung nicht eingehalten werden. Hypotonische Lösungen dagegen lassen sich durch Zusatz osmotisch wirksamer, physiologisch aber unbedenklicher Stoffe isotonisieren.

Die am häufigsten verwendeten Isotonisierungssubstanzen sind Natriumchlorid, für Augentropfen außerdem Borsäure, Kaliumchlorid, Kaliumnitrat und Natriumnitrat.

Isotonieberechnungen können unter Verwendung der E-Werte nach zwei Methoden durchgeführt werden. Die erste Methode berechnet die zur Isotonisierung erforderliche Menge Kochsalz, mit der zweiten Methode wird die Menge isotonische Lösung in ml errechnet, die sich mit der vorgeschriebenen Arzneistoffmenge ergibt. Dessen Lösung wird sodann mit isotonischer Kochsalzlösung auf die vorgeschriebene Gesamtmenge aufgefüllt, sodass das Endprodukt die vorgeschriebene Konzentration hat.

Die folgenden Augentropfen sollen mit Natriumchlorid isotonisch gemacht werden.

Pilocarpinhydrochlorid	0,2
Aqua ad iniectabilia	ad 20,0

Methode 1:

Eine isotonische Kochsalzlösung ist 0,9 %, also enthalten 20,0 ml dieser Lösung 0,18 g Natriumchlorid. Aus der Tabelle der E-Werte wird das Natriumchlorid-Äquivalent für Pilocarpinhydrochlorid entnommen (s. Tab. S. 145):

5 Pharmazeutische Messgrößen und Einheiten

1 g Pilocarpinhydrochlorid entspricht osmotisch 0,22 g Natriumchlorid, 0,2 g Pilocarpinhydrochlorid entsprechen osmotisch dann

$$\frac{0{,}22 \cdot 0{,}2}{1} = 0{,}044 \text{ g Natriumchlorid.}$$

Also benötigt man zur Herstellung von 20 ml einer isotonischen Lösung (0,18 − 0,044 g) = 0,136 g Natriumchlorid. Löst man 0,2 g Pilocarpinhydrochlorid und 0,136 g Natriumchlorid in 20 ml Wasser für Injektionszwecke, so erhält man eine isotonische Lösung.

Soll zur Vermeidung von Unverträglichkeiten mit dem Arzneistoff statt Natriumchlorid ein anderes Isotonisierungsmittel, z. B. Borsäure, verwendet werden, so geht man von folgender Überlegung aus:

0,5 g NaCl entsprechen osmotisch 1,00 g H_3BO_3

0,136 g NaCl entsprechen osmotisch $\dfrac{0{,}136 \cdot 1{,}00}{0{,}5} = 0{,}272$ g Borsäure

Man dividiert also den errechneten Natriumchloridwert durch den E-Wert für 1 g der vorgesehenen Isotonisierungssubstanz. In diesem Falle entsteht also aus 0,2 g Pilocarpinhydrochlorid und 0,272 g Borsäure, gelöst in 20 ml Wasser für Injektionszwecke, eine isotonische Lösung.

Methode 2:

Wenn 9 g Natriumchlorid mit Wasser 1000 ml isotonische Lösung ergeben, so lässt sich für eine bestimmte Menge Arzneistoff A mit dem Natriumchlorid-Äquivalent E (s. Tab. S. 145) folgender Zusammenhang ableiten:

9 g Natriumchlorid ergeben 1000 ml isotonische Lösung
A · E g   ergeben   V ml

$$V = \frac{1000 \cdot A \cdot E}{9}$$

$$V = A \cdot E \cdot 111{,}1$$

V = Gesamtmenge isotonische Lösung in ml
A = Arzneistoffmenge in g
E = E-Wert des Arzneistoffes

Auf unser Beispiel angewendet, ergibt sich:

$$V = 0{,}2 \cdot 0{,}22 \cdot 111{,}1 = 4{,}89$$

Es müssen also 0,2 g Pilocarpinhydrochlorid mit Wasser für Injektionszwecke zu 4,89 ml gelöst werden, damit eine isotonische Lösung entsteht. In der Praxis muss hierbei noch die erforderliche Menge Konservierungsmittel berücksichtigt werden, bevor mit isotonischer Kochsalzlösung auf 20,0 ml aufgefüllt wird.

Die Formel V = A · E · 111,1 lässt sich auch dann anwenden, wenn mehrere Arzneistoffe verarbeitet werden sollen. Sie muss dann folgendermaßen abgewandelt werden:

$$V = (A_1 \cdot E_1 + A_2 \cdot E_2 + A_3 \cdot E_3 \ldots) \cdot 111{,}1$$

> Es sollen folgende Augentropfen durch Zusatz von Kaliumnitrat (E = 0,56) isotonisiert werden:
>
> | | | |
> |---|---|---|
> | Physostigmin. salicyl. | 0,05 | (E = 0,16) |
> | Kal. iodat. | 0,10 | (E = 0,35) |
> | Aqua ad iniectabilia ad | 10,00 | |

Rechnung:

Methode 1: 1 g Physostigminisalicylat entspricht osmotisch 0,16 g Natriumchlorid

$0,05$ g Physostigminisalicylat entsprechen osmotisch

$$\frac{0{,}16 \cdot 0{,}05}{1} \text{g} = 0{,}008 \text{ g NaCl}$$

1 g Kaliumiodid entspricht osmotisch 0,35 g Natriumchlorid, 0,1 g Kaliumiodid entspricht osomotisch $0{,}1 \cdot 0{,}35$ g = 0,035 g NaCl

Zusammmen sind die beiden Arzneistoffe also $0{,}008 + 0{,}035 = 0{,}043$ g Natriumchlorid äquivalent.

10,00 ml isotonische Kochsalzlösung enthalten

$$\frac{10 \cdot 0{,}9}{100} = 0{,}09 \text{ g Natriumchlorid}$$

Durch Subtraktion erhält man die Menge Kochsalz, die noch zugesetzt werden muss

$0{,}09$ g $- 0{,}043$ g $= 0{,}047$ g NaCl

Da mit Kaliumnitrat isotonisiert werden soll, muss noch auf dieses Isotonisierungsmittel umgerechnet werden:

$$\frac{0{,}047 \cdot 1{,}00}{0{,}56} = 0{,}084 \text{ g Kaliumnitrat}$$

Die Augentropfen werden durch Zusatz von 0,084 g Kaliumnitrat isotonisiert.

Methode 2: Nach Methode 2 berechnet würde sich ergeben:

$$V = (0{,}05 \cdot 0{,}16 + 0{,}1 \cdot 0{,}35) \cdot 111{,}1 = 4{,}7773 \text{ ml}$$

0,05 g Physostigminsalicylat und 0,10 g Kaliumiodid geben mit Wasser für Injektionszwecke also 4,78 ml isotonische Lösung. Sie muss noch ad 10,0 ml mit der isotonischen Lösung der vorgeschriebenen Isotonisierungssubstanz aufgefüllt werden.

Berechnung der Menge des isotonisierenden Hilfsstoffs mit der Gefrierpunktserniedrigung

Der osmotische Druck (Tonizität) einer Lösung kann mit der Gefrierpunktserniedrigung (ΔT) gemessen werden. Wird ein Salz, z. B. Natriumchlorid, in reinem Wasser gelöst, so verteilt es sich gleichmäßig darin. Soll die Salzlösung gefrieren, muss sie im Vergleich zu reinem Wasser auf eine tiefere Temperatur als 0 °C abgekühlt werden, da die Ionen des Salzes den gleichmäßigen Aufbau der Wasserkristalle stören und ihre Bewegungsenergie aufgefangen werden muss. Der Wert, um den der Gefrierpunkt im Vergleich zu reinem Wasser sinkt, nennt man Gefrierpunktserniedrigung (ΔT). Sie ist abhängig von der Konzentration des gelösten Salzes.

Die Gefrierpunktserniedrigung der Tränenflüssigkeit beträgt im Vergleich zu reinem Wasser $\Delta T = 0{,}52$ °C. Im Anhang ab Seite 146 ist eine Auswahl der Gefrierpunktserniedrigungen der wichtigsten Arzneistoffe aufgeführt. Nicht aufgeführte Arzneistoffe können der Anlage B des DAC entnommen werden. Die Werte beziehen sich auf eine 1 % Lösung der Arzneistoffe. Mit den Angaben in dieser Tabelle kann die Gefrierpunktserniedrigung eines Stoffes berechnet werden, indem die Gefrierpunktserniedrigung der 1 % Lösung (ΔT) mit der Konzentration des Wirkstoffs in der Lösung (in Prozent) multipliziert wird.

Beispiel:

Die Gefrierpunktserniedrigung (ΔT) einer 1 % Atropinsulfat-Lösung beträgt 0,07. Sind in einer Lösung 0,5 % Atropinsulfat enthalten, sinkt der Gefrierpunkt um 0,035 °C.

$$\Delta T \cdot \text{Prozentgehalt der Lösung} = 0{,}07 \cdot 0{,}5 = 0{,}035 \text{ °C}$$

Diese Berechnung wird mit jedem in den Augentropfen enthaltenen Stoff durchgeführt. Die Summe aller Werte muss einen Wert von 0,52 °C ergeben, das ist die Gefrierpunktserniedrigung der Tränenflüssigkeit.

Augentropfen bestehen meistens aus einem Arzneistoff A, einem isotonisierenden Hilfsstoff H und einem Konservierungsmittel. Die Konzentration des

Konservierungsmittels ist jedoch so gering, dass sie vernachlässigt werden kann. Folglich genügt es, wenn die Summe aller Gefrierpunktserniedrigungen der Arznei- und Hilfsstoffe einen Wert von 0,52 ergeben.

$$0{,}52 = (\Delta T_A \cdot \% \text{ Arzneistoff}) + (\Delta T_H \cdot \% \text{ Hilfsstoff})$$

Die Konzentration des Arzneistoffes wird durch die ärztliche Verordnung vorgegeben, daher muss die Konzentration des isotonisierenden Hilfsstoffs berechnet werden:

$$\% \text{ Hilfsstoff} = \frac{0{,}52 - n(\Delta T_A)}{\Delta T_H}$$

0,52 = Gefrierpunktserniedrigung der Tränenflüssigkeit gegenüber reinem Wasser
n = Gehalt der Lösung des Arzneistoffs in %
ΔT_A = Gefrierpunkterniedrigung einer 1 % Arzneistofflösung gegenüber Wasser in °C
ΔT_H = Gefrierpunkterniedrigung einer 1 % Hilfsstofflösung gegenüber Wasser in °C

Enthält eine Lösung mehrere Stoffe, so sind die jeweiligen Werte für n(ΔT_A) zu addieren. Als Faustregel für nicht in der Tabelle (DAC, Anlage B) aufgeführte Stoffe gilt:

$$\Delta T_A = \frac{16{,}95}{\text{»Äquivalentgewicht«}}$$

Das »Äquivalentgewicht« eines Stoffes berechnet sich aus seiner Molekülmasse dividiert durch seine Wertigkeit. Für nicht dissoziierte Moleküle, wie z. B. viele organische Augenarzneistoffe, ist das Äquivalentgewicht gleich der Molekülmasse (Wertigkeit = 1). Eine genauere Berechnung ist im DAC, Anlage B aufgeführt.

Beispiel

Zinksulfat-Augentropfen 0,25 % 10,0 g (NRF 15.9.)

Der Wirkstoff liegt in einer Konzentration von 0,25 % vor, das entspricht 0,025 g Zinksulfat in 10 g Augentropfen. Die Gefrierpunktserniedrigung von Zinksulfat ist laut Tabelle auf S. 147 $\Delta T_A = 0{,}09$, für Borsäure mit $\Delta T_H = 0{,}28$ als das geeignete Isotonisierungsmittel.

Berechnung der Menge des Hilfsstoffs

$$\text{Hilfsstoff (\%)} = \frac{0{,}52 - (0{,}25 \cdot 0{,}09)}{0{,}28} = 1{,}7768 \,\%$$

Hilfsstoff (g) = 0,1777 g Borsäure in 10 g Augentropfen

Es müssen 0,1777 g Borsäure und 0,025 g Zinksulfat eingewogen werden, damit die Augentropfen den gleichen osmotischen Druck haben wie die Tränenflüssigkeit.

5.6 ■ Verdrängungsfaktoren

Werden Arzneistoffe in Suppositorien eingearbeitet, so verdrängen diese einen Teil der Suppositorienmasse, die demnach um eine bestimmte Menge vermindert werden muss, um ein der Größe der vorliegenden Gießform entsprechendes Zäpfchen zu erhalten, das die vorgeschriebene Menge des Wirkstoffes enthält.

Bevor mit Verdrängungsfaktoren gerechnet werden kann, muss der Eichwert der verwendeten Gießform, bezogen auf die Suppositorienmasse, nach folgender Formel ermittelt werden:

$$\bar{E} = \frac{E}{N}$$

$\bar{E}$ = Durchschnittsmasse (g) eines Suppositoriums aus reiner Grundlage (Eichwert)
E = Gesamtmasse (g) von N Suppositorien aus reiner Grundlage
N = Anzahl der ausgegossenen Suppositorien

Mit Kenntnis des Verdrängungsfaktors lässt sich die für eine Rezeptur erforderliche Einwaage an Grundlage ermitteln:

$$M_N = N \cdot (\bar{E} - f \cdot A)$$

M_N = Erforderliche Einwaage (g) an Grundlage für N Suppositorien
N = Anzahl der anzufertigenden Suppositorien
$\bar{E}$ = Durchschnittsmasse (g) eines Suppositoriums aus reiner Grundlage (Eichwert)
f = Verdrängungsfaktor
A = Arzneistoff (g) pro Suppositorium

Bei mehreren Arzneistoffen erweitert sich die Formel zu:

$$M_N = N \cdot (\bar{E} - f_1 \cdot A_1 - f_2 \cdot A_2 - \ldots f_n \cdot A_n)$$

f_1, f_2, f_n = Verdrängungsfaktoren für den 1., 2. und n-ten Arzneistoff
A_1, A_2, A_n = Masse (g) des 1., 2. und n-ten Arzneistoffes pro Suppositorium

Bei der Rechnung mit Verdrängungsfaktoren ist darauf zu achten, auf welche Grundmasse (Kakaobutter oder Hartfett) sich diese Faktoren beziehen. Für kleinere Ansätze können die Unterschiede zwischen diesen beiden Grundmassen jedoch vernachlässigt werden.

Die Verdrängungsfaktoren der Arzneistoffe für Zäpfchen können der Tabelle auf Seite 147 ff. entnommen werden.

Grundsätzlich sind Verdrängungsfaktoren keine analytisch genauen Werte, da bei vielen Wirkstoffen von Charge zu Charge Differenzen in der Kristallform und im Schüttgewicht auftreten können.

Beträgt der Verdrängungsfaktor eines Arzneistoffes beispielsweise 0,78, so werden bei einer Dosierung von 0,6 Gramm dieses Arzneistoffes pro Zäpfchen nicht 0,6 Gramm Grundmasse verdrängt, sondern nur $0{,}78 \cdot 0{,}6 = 0{,}468$ g.

Wird bei der Herstellung von Suppositorien nach dieser Methode gearbeitet, so muss sowohl von den einzelnen Arzneistoffen als auch von der Grundmasse ein bestimmter, der herzustellenden Gesamtmasse angemessener Prozentsatz mehr angesetzt werden, um Verluste beim Ausgießen auszugleichen. Dieser Verlustzuschlag auf Masse **und** Arzneistoffe sollte bei Rezepturen 10 %, bei Defekturansätzen 5 % betragen.

Hämorrhoidal-Suppositorien

1 Butoxycainhydrochlorid 0,02 (f = 0,82)
2 Basisches Bismutgallat 0,1 (f = 0,37)
3 Zinkoxid 0,2 (f = 0,16)
4 Perubalsam 0,1 (f = 0,61)
5 Rizinusöl 0,05 (f = 1,0)
6 Hartfett nach Bedarf

Der mit Hartfett ermittelte Eichwert der Gießform beträgt 1,90 g.

Wie viel Gramm der einzelnen Substanzen sind für die Herstellung von 10 Suppositorien und unter Berücksichtigung des Eichwertes und eines 10 %igen Verlustzuschlages erforderlich?

Rechnung: Fassungsvermögen der Gießform für 10 Zäpfchen:

$1{,}90 \text{ g} \cdot 10 = 19{,}0$ g

$0{,}02 \text{ g} \cdot 10 = 0{,}2$ g Substanz 1 verdrängen
  $0{,}2 \cdot 0{,}82 = 0{,}164$ g Hartfett

$0{,}1 \text{ g} \cdot 10 = 1$ g Substanz 2 verdrängen
  $1 \cdot 0{,}37 = 0{,}370$ g Hartfett

$0{,}2 \text{ g} \cdot 10 = 2$ g Substanz 3 verdrängen
  $2 \cdot 0{,}16 = 0{,}320$ g Hartfett

$0{,}1 \text{ g} \cdot 10 = 1$ g Substanz 4 verdrängen
  $1 \cdot 0{,}61 = 0{,}610$ g Hartfett

0,05 g · 10 = 0,5 g Substanz 5 verdrängen
0,5 · 1 = 0,500 g Hartfett

Insgesamt werden von den Arzneistoffen 1,964 g Hartfett verdrängt.

Somit sind noch 19,0 − 1,964 g = 17,036 g Hartfett erforderlich. Unter Einbeziehung des 10 % Verlustzuschlages müssen also verarbeitet werden:

 0,220 g Butoxycainhydrochlorid
 1,100 g Basisches Bismutgallat
 2,200 g Zinkoxid
 1,100 g Perubalsam
 0,550 g Rizinusöl
18,740 g Hartfett

In einer Krankenhausapotheke sollen 1000 Kinderzäpfchen zu 1 g folgender Zusammensetzung hergestellt werden:

  Acetylsalicylsäure   0,10   (f = 0,67)
  Phenazon   0,20   (f = 0,75)
  Adeps solidus q.s.

Der Eichfaktor der Matrize beträgt 1,22.

Wie viel Gramm der einzelnen Substanzen sind unter Verwendung der in Klammern angegebenen Verdrängungsfaktoren einzusetzen bei einem Verlustzuschlag von 5 %?

Rechnung: Fassungsvermögen der Gießform für 1000 Zäpfchen:

1,22 · 1 000 = 1220 g.
0,1 · 1 000 = 100 g Acetylsalicylsäure verdrängen
   0,67 · 0,1 · 1 000 = 67 g Hartfett,
0,2 · 1 000 = 200 g Phenazon verdrängen
   0,75 · 0,2 · 1 000 = 150 g Hartfett,

Insgesamt verdrängen die Arzneistoffe 217 g Hartfett.
Somit sind noch 1 220 g − 217 g = 1 003 g Hartfett notwendig.

Bei Berücksichtigung eines 5 % Verlustzuschlages werden somit verarbeitet:

 105,0 g Acetylsalicylsäure
 210,0 g Phenazon
1 053,0 g Hartfett

5.7 ■ Berechnungen nach der Arzneimittelwarnhinweis-Verordnung

Nach der Arzneimittelwarnhinweis-Verordnung müssen alle Flüssigkeiten zur oralen Aufnahme Warnhinweise haben, wenn in der maximalen Einzelgabe mehr als 0,05 g Ethanol, angegeben als Vol.-%, enthalten sind. Bei Lösungen, die geschluckt werden, wird der Gehalt in Volumenprozent an Ethanol je maximaler Einzelgabe auf dem Abgabebehältnis und der Umhüllung folgendermaßen angebracht:

0,05 g bis 0,5 g	»Enthält ... Vol.-% Ethanol«.
0,5 g bis 3 g Ethanol	»Warnhinweis – Dieses Arzneimittel enthält ... Vol.-% Alkohol. Bei Beachtung der Dosierungsanleitung werden bei jeder Einnahme (... Messlöffel bzw. ... Tropfen) bis zu ... g Alkohol zugeführt. Ein gesundheitliches Risiko besteht u. a. bei Leberkranken, Alkoholkranken, Epileptikern, Hirngeschädigten, Schwangeren und Kindern. Die Wirkung anderer Arzneimittel kann beeinträchtigt oder verstärkt werden.«
Über 3 g Ethanol	»Warnhinweis – Dieses Arzneimittel enthält ... Vol.-% Alkohol. Bei Beachtung der Dosierungsanleitung werden bei jeder Einnahme (... Messlöffel bzw. ... Tropfen) bis zu ... g Alkohol zugeführt. Vorsicht ist geboten. Dieses Arzneimittel darf nicht angewendet werden bei Leberkranken, Alkoholkranken, Epileptikern, Hirngeschädigten, Schwangeren und Kindern. Die Wirkung anderer Arzneimittel kann beeinträchtigt oder verstärkt werden. Im Straßenverkehr und bei der Bedienung von Maschinen kann das Reaktionsvermögen beeinträchtigt werden.«
	Bei Mund- und Rachendesinfektionsmitteln (Gurgellösungen) sowie Injektions- und Infusionslösungen reicht Angabe: »Enthält ... Vol.-% Ethanol«.

In dem folgenden Beispiel wird die Ethanolkonzentration berechnet.

Baldriantinktur Ph. Eur.

Es wird eine Normdosis von 0,5 g = 27 Tropfen vorausgesetzt. Der Ethanolgehalt wird im Arzneibuch mit 60 bis 80 % (V/V) angegeben. Geht man von 70 % aus, so entspricht dies nach Ph. Eur. 6.0 62,39 % (m/m).

$$\begin{aligned}\text{In } 100 \text{ g Baldriantinktur} &= 62{,}39 \text{ g Ethanol} \\ \text{in } 0{,}5 \text{ g Baldriantinktur} &= x \text{ g Ethanol} \\ x &= 0{,}312 \text{ g Ethanol}\end{aligned}$$

Da die je maximale Einzeldosis zugeführte Menge Ethanol unter 0,5 g liegt, reicht nach der Verordnung folgende Beschriftung:

»Enthält 70 Vol.-% Alkohol«

5.8 ■ Biologische Einheiten

Auch wenn im Laufe der Zeit immer mehr »biologische Einheiten« durch Angaben der Masse ersetzt werden, gibt es doch noch eine Reihe wichtiger Arzneistoffe, deren Wirkstoffgehalt in biologischen Einheiten angegeben ist. Meist orientieren sich solche Einheiten an internationalen Standard- und Referenzsubstanzen. Die Bezeichnung I.E. (Internationale Einheit) muss jedoch nicht auf einen solchen internationalen Standard hinweisen.

Außerdem unterscheiden sich innerhalb einer Stoffgruppe, z. B. bei den Antibiotika, die einzelnen Standard- bzw. Referenzsubstanzen, sodass sich selbst innerhalb einer solchen Gruppe der Wirkstoffgehalt zweier Arzneistoffe nicht ohne Weiteres vergleichen lässt.

MERKE

Bei Vergleichen zweier Arzneistoffe, deren Angaben nach Einheiten auf unterschiedlichen Referenzsubstanzen beruhen, ist größte Vorsicht geboten.

Vitamine
Der Wirkstoff der Vitamine wird heute meist in mg angegeben. Internationale Einheiten (I.E.) sind z. B. noch üblich bei:

Vitamin A	1 I.E. ≙ 0,300 µg	1 mg ≙ 3330 I.E.
Vitamin B_1	1 I.E. ≙ 3 µg	1 mg ≙ 333,3 I.E.
Vitamin D_3	1 I.E. ≙ 0,025 µg	1 mg ≙ 40 000 I.E.

Außerdem gibt es bei den Vitaminen eine Reihe anderer Einheiten, z. B. die Ratteneinheit (RE), die Hühncheneinheit, die Meerschweincheneinheit (ME) u. a.

Antibiotika
Bei vielen Antibiotika wird der Wirkwert in Internationalen Einheiten angegeben, so z. B. bei verschiedenen Penicillinen:

Nystatin	1 I.E. ≙	0,0002083 mg
Penicillin-G-Natrium	1 I.E. ≙	0,0005988 mg
Procain-Penicillin-G	1 I.E. ≙	0,0009891 mg
Tetracyclinhydrochlorid	1 I.E. ≙	0,00101 mg
Spiramycin	1 I.E. ≙	0,0003125 mg

5.9 ■ Übungsaufgaben zu Pharmazeutischen Einheiten und Messgrößen

Dosierungsberechnungen

1. Ein Abführmittel enthält in 100 ml 65 g Lactulose. Bei hartnäckiger Obstipation sind bis zu 30 g Lactulose als Einzeldosis empfohlen.
Wie viel Esslöffel entspricht diese Menge?

2. Laut Betäubungsmittel-Verschreibungsverordnung darf ein Arzt einem Patienten für einen Versorgungszeitraum von bis zu 30 Tagen 15 000 mg Oxycodon verordnen.
Im Handel sind Ampullen mit 10 mg Wirkstoff in 1 ml Lösung und 20 mg Wirkstoff in 2 ml Lösung.
Welcher Stückzahl entspricht das jeweils?

3. Von einem Antibiotikum sollen 300 000 I.E. pro Kilogramm Körpergewicht in 4 Einzelgaben pro Tag gegeben werden. 1 Tablette enthält 750 000 I.E.
Wie viel Tabletten müssen einem 35 kg schweren Kind als Einzeldosis verabreicht werden?

4. 100 ml eines Saftes gegen bakterielle Infektionen enthalten 3,5 g eines Sulfonamids. Kinder sollen alle 8 Stunden 5 mg/kg Körpergewicht erhalten.
Wie viel Teelöffel voll müssen einem 35 kg schweren Kind pro Tag gegeben werden?

5. Ein Kind soll von einem Arzneimittel 25 % der Erwachsenendosis von 80 mg erhalten.
   Wie viel Tropfen müssen gegeben werden, wenn in 30 ml Tropflösung 1,2 g Wirkstoff enthalten sind und wenn 1 ml 40 Tropfen entspricht?

6. 50 ml eines Serums enthalten 2,5 g Immunglobulin. Die Dosierung lautet auf 100 mg pro kg Körpergewicht pro Monat.
   Wie viel ml müssen einem 60 kg schweren Patienten jeweils verabreicht werden?

7. Ein Arzneimittel soll in einer Dosierung von 0,016 mg/kg Körpergewicht intravenös verabreicht werden.
   Wie viel ml einer 0,02 % (m/V)-Lösung sind bei einem Körpergewicht von 75 kg zu injizieren?

Isotonieberechnungen

Die nachfolgenden Isotonieberechnungen sind — soweit möglich — jeweils nach verschiedenen Methoden durchzuführen. Zu ihnen gehören die Berechnung über die Gefrierpunktserniedrigung, die Natriumchlorid-Äquivalente und Milliliter »Wasser zur Injektion« nach Methode 2. Die Rechenwerte befinden sich in den Tab. auf S. 145 und 146.

Das Isotonierungsmittel ist jeweils in Klammern angegeben. Der Einfachheit halber blieben die äußerst geringen Mengen Konservierungsstoffe, die in der Praxis zugesetzt werden müssen, bei den Berechnungen unberücksichtigt, da sie erfahrungsgemäß für die Isotonie ohne Bedeutung sind.

8. Kaliumiodid-Augentropfen 0,5 % 20 ml (Natriumchlorid)

9. Kal.iodat.   0,2
   Aqua ad iniectabilia ad   10,0 (Borsäure)

10. Natr. iodat.   0,25
    Aqua ad iniectabilia ad   10,0 (Borax)

11. Natr. iodat.   0,1
    Calc. chlorat. · $6H_2O$ 0,1
    Aqua ad iniectabilia ad   20,0 (Natriumchlorid)

12. Zinc. sulfuric. 0,01
    Natr. iodat. 0,2
    Aqua ad iniectabilia ad 10,0 (Borsäure)

13. Physostigmin. salicylic. 0,02
    Aqua ex amp. ad 10,0
    (Borax/Borsäure 1 + 5)

14. 500 ml Glukose-Lösung zur Infusion unter Verwendung von Glukose-Monohydrat (Natriumchlorid)
    M_m (Glukose) = 180 g · mol^{-1}
    M_m (Glukose-Monohydrat) = 198 g · mol^{-1}

15. 250 ml 2 % Procainhydrochlorid-Lösung zur Infusion (Natriumchlorid)

16. Bacitracin 0,1 mg
    Prednison. natr. sulf. 0,1 g
    Aqua ad iniectabilia ad 20,0 ml (Natriumchlorid)

17. Pilocarpinhydrochlorid-Augentropfen 0,8 % 10 ml (Natriumchlorid)

18. Physostigminsalicylat-Augentropfen 0,15 % 30 ml (Borax)

19. Tetracainhydrochlorid-Augentropfen 0,4 % 20 ml (Borsäure)

20. Zinksulfat-Augentropfen 0,3 % 20 ml (Borsäure)

21. Pilocarpinhydrochlorid 0,2
    Neostigminhydrobromid 0,1
    Naphazolinhydrochlorid 0,005
    Aqua ex amp. ad 10,0 (Natriumchlorid)

22. Procainhydrochlorid-Lösung 1 % (m/V) zur Injektion 100 ml (Borsäure)

23. Phenylephrinhydrochlorid 12 mg
    Zinksulfat 25 mg
    Aqua ad iniectabilia ad 10,0 (Borsäure)

24. Mit wie viel % Natriumchlorid sind 3 % Pilocarpinhydrochlorid-Augentropfen zu isotonisieren?

25. Kal. iodat 0,2
    Aqua ad iniectabilia ad 10,0
    Berechnen Sie die Menge Borsäure als Isotonisierungsmittel über die Gefrierpunktserniedrigung.

26. Physostigmin. salicyclic.   0,02
    Aqua ad iniectabilia ad   10,0
    Berechnen Sie die Menge Natriumchlorid als Isotonisierungsmittel über die Gefrierpunktserniedrigung.

27. Pilocarpin. hydrochloric.   0,08
    Aqua ad iniectabilia ad   10,0
    Berechnen Sie die Menge Natriumchlorid als Isotonisierungsmittel über die Gefrierpunktserniedrigung.

Verdrängungsfaktoren
Die folgenden Herstellungsvorschriften für Suppositorien sind mit den jeweils in Klammern angegebenen Verdrängungsfaktoren zu berechnen.

28. Paracetamol (f = 0,72)
    Acetylsalicylsäure aa 0,5 (f = 0,67)
    Adeps solidus ad 2,0
    m. f. supp. d. tal. dos. Nr. VI
    Eichwert: 0,944

29. Ichthyol 0,3 (f = 0,72)
    Adeps solidus ad 2,0
    m. f. supp. d. tal. dos. Nr. X
    Eichwert: 1,172

Arzneimittelwarnhinweisverordnung

30. Ein Messlöffel (15 ml) Saft wird ausgewogen. Die Masse beträgt 14,3 g. In 200 g Zubereitung sind 18,09 g Ethanol enthalten.
    Wie viel Ethanol enthält ein Messlöffel Saft und welche Deklaration nach Arzneimittelwarnhinweisverordnung muss auf dem Abgabegefäß angegeben werden?

Biologische Einheiten

31. Eine Internationale Einheit Oxytetracyclin entspricht 0,00111 mg. Ein Arzneimittel enthält pro Kapsel 45 000 I.E.
    Einem 15 kg schweren Kind sollen 30 mg/kg Körpergewicht verabreicht werden.
    Wie viel Kapseln sind täglich zu geben?

32. 0,025 µg Vitamin D_3 ≙ 1 I.E.
    Wie viel Tabletten mit 0,25 mg sind bei 20 000 I.E. täglich zu geben?

33. In einer Creme sollen 3 500 000 I.E. Nystatin verarbeitet werden. Wie viel mg sind das, wenn das Prüfzertifikat 4 800 I.E./mg angibt?

6 Stöchiometrische Berechnungen

6.1 ■ Grundbegriffe

Die Stöchiometrie befasst sich mit den Mengenverhältnissen bei chemischen Verbindungen und chemischen Reaktionen.

Stoffmenge
Die Stoffmenge n ist die Rechengröße für die Menge der Teilchen. Dabei sind unter Teilchen Moleküle, Atome, Ionen, Elektronen usw. zu verstehen.

Die für die Stoffmenge eingeführte Einheit ist das **Mol** (mol).

1 mol sind so viele Teilchen, wie Atome in 12 g des Kohlenstoff-Isotops $^{12}_{6}C$ enthalten sind, in Zahlen $6 \cdot 10^{23}$ Teilchen. Der genaue Zahlenwert, die sog. *Avogadro'sche Zahl*, ist $6{,}0220943 \cdot 10^{23}$.

MERKE

1 mol ist die Stoffmenge eines Systems bestimmter Zusammensetzung, die ebenso viele Teilchen enthält, wie Atome in 12 g des Kohlenstoff-Isotops $^{12}_{6}C$ vorhanden sind.

Relative Atommasse und Molekülmasse
Die *relative Atommasse* A_r (früher: Atomgewicht) wird zur Berechnung der Stoffmengen (mol) benötigt. Sie ist

der Quotient aus der absoluten Masse eines Atoms des betreffenden Elementes und einem Zwölftel der Atommasse des Kohlenstoff-Isotops $^{12}_{6}C$.

MERKE

Die relative Atommasse gibt an, wievielmal größer die Masse eines Atoms des betreffenden Elementes ist als 1/12 der Masse des Kohlenstoff-Isotops $^{12}_{6}C$.

Die wirklichen Atommassen sind außerordentlich klein. Ihre Werte liegen zwischen 10^{-22} und 10^{-24} Gramm. Der Umgang mit solchen sehr kleinen

6 Stöchiometrische Berechnungen

Werten ist sehr umständlich. Daher wählt man Kohlenstoff als Bezugselement und vergleicht mit dessen Atommasse die Masse der Atome aller anderen Elemente. Auf diese Weise kommt man zu Vergleichszahlen, den sog. relativen Atommassen, mit denen leicht gerechnet werden kann (s. Tab. S. 144).

Die *relative Molekülmasse* M_r (früher Molekulargewicht) eines Stoffes errechnet sich aus der Summe der relativen Atommassen aller Atome, aus denen das Molekül besteht.

Für die relative Molekülmasse von Schwefelsäure H_2SO_4 ergibt sich somit (Werte gerundet):

$$
\begin{aligned}
2 \cdot H &= 2 \cdot 1{,}01 = 2{,}02 \\
S &= \phantom{2 \cdot 1{,}01 =\ } 32{,}06 \\
4 \cdot O &= 4 \cdot 16{,}0 = \underline{64{,}00} \\
& \phantom{= 4 \cdot 16{,}0 =\ } 98{,}08
\end{aligned}
$$

Bei der Berechnung der relativen Molekülmasse muss unbedingt darauf geachtet werden, ob es sich um eine *kristallwasserhaltige* oder *kristallwasserfreie* Verbindung handelt.

BEISPIEL

$$
\begin{aligned}
M_r\ CaSO_4 &= 136{,}14 \\
M_r\ CaSO_4 \cdot 1/2\ H_2O &= 145{,}15 \\
M_r\ CaSO_4 \cdot 2\ H_2O &= 172{,}18
\end{aligned}
$$

Molare Masse und molares Volumen

Da bei stöchiometrischen Berechnungen Mengenverhältnisse berechnet werden, denen bestimmte Massen der Atome oder Moleküle zugrunde liegen, kann man mit den Verhältniszahlen der relativen Atom- bzw. Molekülmassen ohne Einheiten noch nichts anfangen. Daher wird der Begriff der molaren Masse (M_m) eingeführt.

Die *molare Masse* M_m ist der Quotient aus der Masse m eines Stoffes in Gramm und der Stoffmenge n in mol:

$$M_m = \frac{m}{n}\ [g \cdot mol^{-1}]$$

Sie unterscheidet sich zwar im Zahlenwert nicht von der relativen Atom- bzw. Molekülmasse, hat jedoch – wie aus der Definitionsgleichung hervorgeht – einen anderen Begriffsinhalt.

Die molare Masse von Schwefelsäure ist also M_m (H_2SO_4) = 98,08 g · mol^{-1}.

Löst man die Definitionsgleichung für die molare Masse nach Stoffmenge n bzw. Masse auf, so ergibt sich

$$M_m = \frac{m}{n} \; [g \cdot mol^{-1}]$$

$$n = \frac{m}{M_m}$$

$$m = M_m \cdot n$$

M_m = Molare Masse (g · mol^{-1})
n = Stoffmenge (mol)
m = Masse (g)

Das *molare Volumen* V_m ist der Quotient aus dem Volumen eines Stoffes in Liter und der Stoffmenge in mol:

$$V_m = \frac{V}{n} \; [l \cdot mol^{-1}]$$

Gase haben unter Normalbedingungen ein molares Volumen von V_m = 22,4 l · mol^{-1}. Die molare Masse von 2 g · mol^{-1} Wasserstoff (H_2) entspricht dem molaren Volumen von 22,4 l · mol^{-1}:

$$2 \, g \cdot mol^{-1} \, H_2 \; \widehat{=} \; 22,4 \, l \cdot mol^{-1} \, H_2$$

Mit Hilfe des molaren Volumens von Gasen sind Umrechnungen zwischen Masse und Volumen möglich.

Stoffmengenkonzentration
Neben der Massenkonzentration in Prozent spielt in der Stöchiometrie die Stoffmengenkonzentration (molare Konzentration) c_m eine besondere Rolle. Wie bereits in Kapitel 4.5 definiert, gibt sie die Stoffmenge in mol an, die in 1 Liter Lösung enthalten ist (s. S. 58):

$$c_m = \frac{n}{V} \; [mol^{-1}]$$

aus $M_m = \frac{m}{n} \; [g \cdot mol^{-1}]$ folgt $n = \frac{m}{M_m} \; [mol]$ und für

$$c_m = \frac{m}{M_m \cdot V} \; [mol \cdot l^{-1}]$$

6.2 ■ Grundgesetze der Stöchiometrie

Die Entstehung einer chemischen Verbindung durch Reaktion zweier Ausgangsstoffe verläuft nach bestimmten qualitativen Gesetzmäßigkeiten, die in den stöchiometrischen Grundgesetzen zusammengefasst werden.

Gesetz von der Erhaltung der Masse
Das Gesetz von der Erhaltung der Masse besagt, dass die Gesamtmasse der an einer chemischen Reaktion beteiligten Stoffe unverändert bleibt. Bei vollständiger Umsetzung ist die Gesamtmasse der Ausgangsstoffe gleich der Gesamtmasse der Endprodukte.

Gesetz der konstanten und der multiplen Proportionen
Nach dem Gesetz der *konstanten* Proportionen stehen die bei der Berechnung einer Verbindung untereinander reagierenden Elemente in einem bestimmten konstanten Massenverhältnis zueinander.

Da auf diese Weise Verbindungen entstehen, in denen die Elemente in ganz bestimmten Massenverhältnissen vorliegen, gilt dieses Gesetz natürlich auch für die zahlreichen chemischen Reaktionen, bei denen Verbindungen miteinander reagieren. Das immer wiederkehrende konstante Massenverhältnis der Elemente in Verbindungen bedingt deren feste prozentuale Zusammensetzung.

Eine Weiterentwicklung des Gesetzes der konstanten Proportionen ist das Gesetz der *multiplen* (vielfachen) Proportionen, da bestimmte Elemente miteinander nicht nur eine Verbindung, sondern mehrere bilden können. So gibt es beispielsweise fünf verschiedene Stickstoff-Sauerstoffverbindungen: N_2O, NO, N_2O_3, NO_2 und N_2O_5.

MERKE

Bilden zwei Elemente mehrere Verbindungen miteinander, so verhalten sich die Massen des einen Elementes, bezogen auf eine konstante Masse des anderen Elementes, wie einfache ganze Zahlen.

Geht man beim Beispiel der verschiedenen Stickstoff-Sauerstoffverbindungen von einer bestimmten Stickstoffmenge aus, so stehen die unterschiedlichen Sauerstoffmengen zueinander im Verhältnis einfacher ganzer Zahlen, nämlich

$$1 : 2 : 3 : 4 : 5.$$

Gesetz der ganzzahligen Volumenverhältnisse

Das Gesetz der ganzzahligen Volumenverhältnisse gilt für Reaktionen gasförmiger Reaktionspartner und besagt, dass sich das Volumenverhältnis gasförmiger, an einer chemischen Umsetzung beteiligter Stoffe bei gleichem Druck und gleicher Temperatur stets durch kleine ganze Zahlen wiedergeben lässt. Z. B. verbinden sich zwei Volumenteile Wasserstoff und ein Volumenteil Sauerstoff zu Wasser: Die Volumina von Wasserstoff und Sauerstoff stehen im Verhältnis 2:1.

$$2\,H_2 + O_2 \rightarrow 2\,H_2O$$

Chlor und Wasserstoff verbinden sich im Volumenverhältnis 1:1 zu Chlorwasserstoff:

$$H_2 + Cl_2 \rightarrow 2\,HCl$$

6.3 ∎ Stöchiometrische Berechnungen zu chemischen Verbindungen

Um die quantitative Zusammensetzung einer Verbindung zu berechnen, geht man von der Stoffmenge 1 mol einer Verbindung aus. Aus der Beziehung $M_m = \dfrac{m}{n}$ (die molare Masse ist der Quotient aus der Masse eines Stoffes in g und der Stoffmenge in mol) lässt sich die Masse, also der Massenanteil als Produkt aus Stoffmenge und molarer Masse, berechnen:

$$m = n \cdot M_m$$

> Die Massenanteile der Elemente in Natriumcarbonat sind zu berechnen.
>
> $M_m\,(Na_2CO_3) = 105{,}99\ g \cdot mol^{-1}$
> $M_m\,(Na)\ \ \ \ = 22{,}99\ g \cdot mol^{-1}$
> $M_m\,(C)\ \ \ \ \ = 12{,}01\ g \cdot mol^{-1}$
> $M_m\,(O)\ \ \ \ \ = 16{,}00\ g \cdot mol^{-1}$

Rechnung:
m_{Na} : $2\ mol \cdot 22{,}99\ g \cdot mol^{-1} = 45{,}98\ g$
m_C : $1\ mol \cdot 12{,}01\ g \cdot mol^{-1} = 12{,}01\ g$
m_O : $3\ mol \cdot 16{,}00\ g \cdot mol^{-1} = 48{,}00\ g$
$m_{Na_2CO_3}$: $1\ mol\ = 105{,}99\ g$

$105{,}99\ g\ Na_2CO_3$ enthalten $45{,}98\ g$ Natrium, $12{,}01\ g$ Kohlenstoff und $48{,}00\ g$ Sauerstoff.

6 Stöchiometrische Berechnungen

Sind beliebige Mengen einer Verbindung gegeben, gelangt man über die Proportionen zu den entsprechenden Massenanteilen der Elemente.

> Die Massenanteile der Elemente in 75 g Natriumcarbonat sind zu berechnen.

Aus der vorigen Berechnung folgen die Proportionen

für m_{Na}: $\dfrac{45{,}98}{105{,}99} = \dfrac{m_{Na}}{75}$

$$m_{Na} = \dfrac{45{,}98 \cdot 75}{105{,}99} = 32{,}536 \approx 32{,}54 \text{ g}$$

für m_C: $\dfrac{12{,}01}{105{,}99} = \dfrac{m_C}{75}$

$$m_C = \dfrac{12{,}01 \cdot 75}{105{,}99} = 8{,}498 \approx 8{,}50 \text{ g}$$

für m_O: $\dfrac{48{,}00}{105{,}99} = \dfrac{m_O}{75}$

$$m_O = \dfrac{48{,}00 \cdot 75}{105{,}99} = 33{,}965 \approx 33{,}97 \text{ g}$$

In 75 g Natriumcarbonat sind 32,54 g Natrium, 8,5 g Kohlenstoff und 33,97 g Sauerstoff enthalten.

Wenn die Menge eines Elementes gegeben ist, kann umgekehrt natürlich auch die zugehörige Menge der Verbindung berechnet werden.

> Wie viel g Natriumcarbonat enthalten 33,97 g Sauerstoff?

Rechnung: $\dfrac{48{,}00}{105{,}99} = \dfrac{33{,}97}{m_{Na_2CO_3}}$

$$m_{Na_2CO_3} = \dfrac{33{,}97 \cdot 105{,}99}{48{,}00} = 75{,}01 \text{ g}$$

75,01 g Natriumcarbonat enthalten 33,97 g Sauerstoff.

Die prozentuale Zusammensetzung einer Verbindung gibt die Massenanteile der Elemente in 100 g der Verbindung an.

Die prozentuale Zusammensetzung von Natriumcarbonat ist zu berechnen.

Rechnung: Aus obigem Beispiel können wieder folgende Proportionen aufgestellt werden:

für % Na: $\dfrac{45{,}98}{105{,}99} = \dfrac{x_1}{100}$

$x_1 = \dfrac{45{,}98 \cdot 100}{105{,}99} = 43{,}38\,\%$

für % C: $\dfrac{12{,}01}{105{,}99} = \dfrac{x_2}{100}$

$x_2 = \dfrac{12{,}01 \cdot 100}{105{,}99} = 11{,}33\,\%$

für % O: $\dfrac{48{,}00}{105{,}99} = \dfrac{x_3}{100}$

$x_3 = \dfrac{48{,}00 \cdot 100}{105{,}99} = 45{,}29\,\%$

Natriumcarbonat besteht zu 43,38 % aus Natrium, 11,33 % aus Kohlenstoff und zu 45,29 % aus Sauerstoff.

Die Berechnung der prozentualen Zusammensetzung kann notwendig sein:

- zur Identifizierung einer Verbindung,
- zur Prüfung der Reinheit einer bekannten Verbindung,
- zur Prüfung des Gehaltes einer Verbindung an einem bestimmten Bestandteil.

6.4 ■ Stöchiometrische Berechnungen zu chemischen Reaktionen

Als Grundlage stöchiometrischer Berechnungen zu chemischen Reaktionen dient die chemische Reaktionsgleichung. Sie gibt an,

- welche Stoffe an einer Reaktion teilnehmen und
- in welchen Mengenverhältnissen diese Stoffe reagieren.

6 Stöchiometrische Berechnungen

Die Massen der Stoffmengen der einzelnen Reaktionspartner lassen sich in gewohnter Weise aus den Stoffmengen in mol und deren molaren Massen in g · mol^{-1} errechnen. Es sei daran erinnert, dass der Zahlenwert der molaren Masse eines Stoffes gleich der relativen Atom- bzw. Molekülmasse ist. Bei einer chemischen Reaktion sind die Ausgangsprodukte von den Endprodukten zu unterscheiden, die sich während der Reaktion ineinander umwandeln. Bei vollständiger Umsetzung, die praktisch in den seltensten Fällen vorliegt, ist die Gesamtmasse der entstehenden Produkte also gleich der Gesamtmasse der Ausgangsprodukte. Bei unvollständigen Reaktionen wird die sog. *Ausbeute* eines Endproduktes berechnet. Die prozentuale Ausbeute wird auch als *Umsatz* bezeichnet. Häufig wird – wie z. B. bei Gleichgewichtsreaktionen ($\rightleftharpoons$) – die Ausbeute dadurch erhöht, dass einer der Ausgangsstoffe im Überschuss zugesetzt wird. Von ihm wird also mehr Masse eingesetzt als stöchiometrisch berechnet worden ist.

Zweckmäßigerweise werden nach Aufstellung der Reaktionsgleichung die gegebenen und gesuchten Größen *über* den Symbolen bzw. Formeln der Gleichung eingetragen. *Unter* der Gleichung sollten die Massen der Stoffmengen, die in der Gleichung angegeben sind, stehen. Mit der Dreisatzrechnung oder einer Verhältnisgleichung kann die unbekannte Größe berechnet werden.

> Aus 80 g Eisenpulver soll mit elementarem Schwefel Eisensulfid hergestellt werden.
> Wie viel g Eisensulfid entstehen bei stöchiometrischem Ablauf der Reaktion?

Rechnung:
1. *Aufstellung der Reaktionsgleichung:*

   Fe + S → FeS

2. *Eintragung der gegebenen und gesuchten Größen:*

   80 g   m
   Fe + S → FeS

3. *Eintragung der Massen der Stoffmengen:*

   80 g   m
   Fe + S → FeS
   55,85 g 87,91 g

4. *Formulierung der Proportionen (1) oder des Dreisatzes (2):*

   1. $\dfrac{m}{87,91} = \dfrac{80}{55,85}$

      $m = \dfrac{80 \cdot 87,91}{55,85} = 125,92$

2. Aus 55,85 g Eisen entstehen 87,91 g Eisensulfid
   aus 80 g Eisen entstehen m g Eisensulfid

$$\frac{55{,}85}{87{,}91} = \frac{80}{m}$$

$$m = \frac{87{,}91 \text{ g} \cdot 80 \text{ g}}{55{,}85 \text{ g}} = 125{,}92 \text{ g}$$

Aus 80 g Eisenpulver entstehen 125,92 g Eisensulfid.

Wie viel g Schwefel sind erforderlich, um aus 80 g Eisenpulver Eisensulfid herzustellen?

Rechnung: 80 g m
Fe + S → FeS
55,85 g 32,06 g

$$\frac{m}{32{,}06} = \frac{80}{55{,}85}$$

$$m = \frac{32{,}06 \cdot 80}{55{,}85} = 45{,}92$$

Es sind 45,92 g Schwefel erforderlich.

Wie viel g Eisensulfid entstehen aus 80 g Eisenpulver mit Schwefel bei einer Ausbeute von 85 %?

Rechnung: 80 g m_1
Fe + S → FeS
55,85 g 87,91 g

$$\frac{m_1}{87{,}91} = \frac{80}{55{,}85}$$

$$m_1 = \frac{87{,}91 \cdot 80}{55{,}85} \; (100\,\%)$$

$$m_2 = 85\,\%$$

$$m_2 = \frac{m_1 \cdot 85}{100}$$

$$m_2 = \frac{87{,}91 \cdot 80 \cdot 85}{55{,}85 \cdot 100} = 107{,}035$$

Es entstehen 107,035 g Eisensulfid.

6 Stöchiometrische Berechnungen

> Wie viel g 25 % (m/m) Salzsäure werden theoretisch benötigt, um aus 125 g Borax Borsäure herzustellen?

Rechnung: 125 g $\qquad$ m_1

$$Na_2B_4O_7 \cdot 10\,H_2O + 2\,HCl \rightarrow 4\,H_3BO_3 + 2\,NaCl + 5\,H_2O$$

381,42 g $\qquad$ 2 · 36,46 g

$$\frac{m_1}{2 \cdot 36{,}46} = \frac{125}{381{,}42}$$

$$m_1 = \frac{2 \cdot 36{,}46 \cdot 125}{381{,}42} = 23{,}897 \text{ HCl}$$

Wenn 25 g HCl in 100 g 25 % Salzsäure enthalten sind, dann sind 23,90 g HCl in m_2 g 25 % Salzsäure vorhanden.

$$\frac{100}{25} = \frac{m_2}{23{,}90}$$

$$m_2 = \frac{100 \cdot 23{,}90}{25} = 95{,}60$$

Es sind 95,60 g 25 % Salzsäure erforderlich.

> Durch Fällung mit Bariumchlorid-Lösung wurden aus 200 g einer Natriumsulfat-Lösung 6,1265 g Bariumsulfat gefunden.
> Wie viel % (m/m) war die Natriumsulfat-Lösung?

Rechnung: m_1 $\qquad$ 6,1265 g

$$Na_2SO_4 + BaCl_2 \rightarrow BaSO_4 \downarrow + 2\,NaCl$$

142,04 g $\qquad$ 233,40 g

$$\frac{m_1}{142{,}04} = \frac{6{,}1265}{233{,}40}$$

$$m_1 = \frac{142{,}04 \cdot 6{,}1265}{233{,}40} = 3{,}728$$

Wenn in 200 g Lösung 3,728 Na_2SO_4 enthalten sind, dann sind in 100 g Lösung m_2 g Na_2SO_4 vorhanden.

$$\frac{200}{3{,}728} = \frac{100}{m_2}$$

$$m_2 = \frac{100 \cdot 3{,}728}{200} = 1{,}864$$

Die Natriumsulfat-Lösung war 1,86 %.

6.5 ■ Übungsaufgaben zu stöchiometrischen Berechnungen

Die erforderlichen Atommassen sind der Tabelle auf S. 144 zu entnehmen.

1. Die molaren Massen folgender Verbindungen sind zu berechnen:
   NH_4Cl; $FeSO_4$; Li_2CO_3; $K_4[Fe(CN)_6]$; $Fe(NH_4)SO_4$.

2. Welche Stoffmengenkonzentration (»Molarität«) – bezogen auf $FeSO_4$ – hat eine Eisensulfat-Lösung, von der 300 ml 95,5 g $FeSO_4 \cdot 7\,H_2O$ enthalten?

3. Welche Stoffmengenkonzentration hat eine 0,9 % (m/V) Natriumchlorid-Lösung?

4. Welche prozentuale Zusammensetzung der relativen Atommassen hat $Fe_2(SO_4)_3 \cdot 9\,H_2O$?

5. Die prozentuale Zusammensetzung der relativen Atommassen von Kaliumhexacyanoferrat(II) ist zu berechnen.

6. Wie viel % Kohlenstoff sind in Ethanol enthalten?

7. Kaliumaluminiumsulfat kristallisiert mit 12 mol Kristallwasser pro mol. Wie viel % sind das?

8. Wie viel g Wasser sind in 250 g $Na_2CO_3 \cdot 10\,H_2O$ enthalten?

9. Wie verhalten sich die Sauerstoffmengen in den verschiedenen Stickoxiden zueinander?
   N_2O; NO; N_2O_3; NO_2; N_2O_5.

10. Wie viel % Kristallwasser enthält kristallisiertes Aluminiumsulfat $Al_2(SO_4)_3 \cdot 18\,H_2O$?

11. Wie viel % Masse verliert $MgSO_4 \cdot 7\,H_2O$ beim Glühen?

12. Wie viel Moleküle Kristallwasser enthält Kaliumaluminiumsulfat, wenn von 1,8430 g nach dem Glühen noch 1,003 g übrig geblieben sind?

13. Wie viel g Chlor sind in 80 g einer 36 % (m/m) Salzsäure enthalten?

14. Wie viel % Schwefel sind in 30 % (m/m) Schwefelsäure enthalten?

15. Wie viel g Kaliumcarbonat lassen sich aus 100 g Kaliumhydrogencarbonat gewinnen,

    a) theoretisch,

    b) bei 87 % Ausbeute?

16. 200 g 30 % (m/m) Schwefelsäure sind mit 15 % (m/m) Natronlauge zu neutralisieren.
    Wie viel g Lauge sind erforderlich?

17. Aus metallischem Silber und 25 % (m/m) Salpetersäure sollen bei 79 % Ausbeute 50 g Silbernitrat hergestellt werden.
    Wie viel g der beiden Ausgangsstoffe sind anzusetzen?

18. Mit 96 % (m/m) Schwefelsäure wird aus 30 g elementarem Eisen kristallisiertes Eisensulfat hergestellt. Es entstehen 132,300 g Eisensulfat ($FeSO_4 \cdot 7\,H_2O$).

    a) Wie viel g 96 % Schwefelsäure ist erforderlich?

    b) Wie groß ist die Ausbeute?

19. Aus 250 g wasserfreiem Natriumcarbonat soll mit Salzsäure Natriumchlorid hergestellt werden.
    Berechnen Sie die Menge Natriumchlorid, die Sie erhalten.

7 Berechnungen zur quantitativen Analyse

Mit der quantitativen Analyse wird der Gehalt

- einer Verbindung an Elementen oder Elementgruppen oder
- eines Gemisches an Verbindungen oder Elementen

ermittelt. Der zu bestimmende Stoff wird entweder

- als schwerlöslicher Niederschlag gefällt, der abgetrennt und in eine wägbare Form gebracht wird **(Gravimetrie)**, oder
- durch Zugabe einer Maßlösung in einen bestimmten Endzustand quantitativ überführt und aus dem Volumen der zugegebenen Maßlösung der Gehalt **(Maßanalyse)** errechnet.

In beiden Fällen wird von der genauen Einwaage der zu bestimmenden Substanz in Lösung ausgegangen.

7.1 Messgenauigkeit

Die bei Wägungen erreichbare Genauigkeit ist von verschiedenen Faktoren abhängig, so von der Konstruktion der Waage, vom Wägeverfahren, von der Behandlung der zu wägenden Substanz, von der Temperatur usw. Die Ablesegenauigkeit einer Waage muss im richtigen Verhältnis zur geforderten Wägegenauigkeit stehen. Über die Einwaage macht das Arzneibuch im »Allgemeinen Teil« folgende Angaben:

Die verwendete Menge Substanz wird mit der erforderlichen Genauigkeit gewogen und das Ergebnis auf diese Menge bezogen. Die Genauigkeit ist durch die *Anzahl der Dezimalstellen* im Text festgelegt, es sind Abweichungen von höchstens ± 5 Einheiten nach der letzten angegebenen Ziffer zulässig:

- 1,0 bedeutet einen Wert von mindestens 0,95 und höchstens 1,05,
- 1,00 bedeutet einen Wert von mindestens 0,995 und höchstens 1,005,
- 1,000 bedeutet einen Wert von mindestens 0,9995 und höchstens 1,0005.

Der Begriff »*etwa*« im Zusammenhang mit einer Gewichtsangabe bedeutet, dass die abzuwägende Menge ± 10 % vom angegebenen Wert abweichen darf.

»Etwa 0,400 g Substanz, genau gewogen«, heißt also, dass im Gewichtsbereich von 0,360 g bis 0,440 g die nicht mehr angegebene 4. Dezimalstelle um ± 5 Einheiten abweichen darf. Zur Wägung muss demnach eine Analysenwaage verwendet werden.

Zur Berechnung der Ergebnisse bei Gehaltsbestimmungen ist im Arzneibuch festgelegt, dass auf eine Dezimalstelle mehr berechnet werden muss als in der Monographie angegeben ist. Dabei wird die letzte Dezimalstelle auf die übliche Weise gerundet. Wenn also die letzte errechnete Ziffer 5, 6, 7, 8 oder 9 ist, wird die vorhergehende Ziffer um 1 erhöht, ist sie kleiner als 5, entfällt sie.

Bei Messungen des Volumens bedeutet eine Null nach dem Komma, z. B. 10,0 ml, oder nach der letzten Ziffer, z. B. 0,50 ml, dass das Volumen mit Vollpipette, Messkolben oder Bürette genau gemessen werden muss.

7.2 ■ Gravimetrie

Grundlage der Berechnungen in der Gravimetrie ist die Kenntnis der chemischen Zusammensetzung der Wägeform und daraus folgend deren relative Molekülmasse. Die Masse der zu bestimmenden Substanz lässt sich dann mit einfachen Stoffmengen-Relationen ermitteln und über die Einwaage als Prozentgehalt berechnen. Ist der durch Fällung erhaltene Niederschlag nicht chemisch rein, einheitlich zusammengesetzt und stabil, so muss er durch Glühen in eine solche Form überführt werden.

> Der Chloridgehalt von Kochsalz soll bestimmt werden. Bei der Einwaage von 0,1970 g Natriumchlorid wiegt das durch Fällung mit Silbernitrat erhaltene und getrocknete Silberchlorid 327 mg.
> Wie viel % Chlorid enthält das Kochsalz?

Rechnung: $NaCl + AgNO_3 \rightarrow AgCl \downarrow + NaNO_3$

Silberchlorid hat die relative Molekülmasse $M_r = 143{,}32$, der Chloridanteil 35,45. Es gilt die folgende Gleichung:

$$\frac{35{,}45}{143{,}42} = \frac{x_1}{327}$$

$$x_1 = \frac{35{,}45 \cdot 327}{143{,}32} = 80{,}883 \text{ mg Chlorid}$$

Die so errechnete Chloridmenge bezieht sich auf die Einwaage von 0,197 g Kochsalz. In Prozent ausgedrückt, also auf 100 g bezogen, ergibt sich:

$$\frac{0{,}197\text{ g}}{80{,}883\text{ mg}} = \frac{100\text{ g}}{x_2}$$

Zur Berechnung müssen die unterschiedlichen Dimensionen gleichnamig gemacht werden.

$$\frac{0{,}197}{0{,}080883} = \frac{100}{x_2}$$

$$x_2 = \frac{100 \cdot 0{,}080883}{0{,}197} = 41{,}057\ \%$$

Das Natriumchlorid enthält 41,06 % Chlorid.

Bei einer Eisenbestimmung werden die Eisen-Ionen mit Ammoniak als Eisen(III)-oxidhydrat gefällt. Der erhaltene Niederschlag wird durch Glühen in Eisen(III)-oxid überführt.

$$2\,Fe^{2+} + 3\,H_2O + 3\,NH_3 \rightarrow Fe_2O_3 \downarrow + 3\,NH_4OH$$

Die ausgewogene Menge Eisen(III)-oxid beträgt 0,1608 g.
Wie viel mg Eisen-Ionen befanden sich in der Ausgangslösung?

Rechnung: Eisen hat die relative Atommasse $A_r = 55{,}85$, Eisen(III)-oxid die relative Molekülmasse $M_r = 159\,7$. Es gilt die folgende Gleichung:

$$\frac{2 \cdot 55{,}85}{159{,}7} = \frac{x}{160{,}8}$$

$$x = \frac{111{,}7 \cdot 160{,}8}{159{,}7} = 112{,}469\ \text{mg Fe}^{2+}$$

Die Lösung enthält 112,47 mg Eisen-Ionen.

7.3 ■ Maßanalyse

Bei der Maßanalyse wird die unbekannte Menge eines gelösten Stoffes dadurch ermittelt, dass er quantitativ durch Zugabe einer Maßlösung, deren

Titer (chemischer Wirkungswert) bekannt ist, von einem chemisch definierten Anfangszustand in einen definierten Endzustand überführt wird.

Dieser Vorgang heißt *Titration*. Es wird das Volumen der zugegebenen Maßlösung gemessen und der Berechnung des Gehaltes der untersuchten Substanz zugrunde gelegt. Das Ergebnis maßanalytischer Gehaltsbestimmungen wird in Prozent (m/m) ausgedrückt.

Einstellung einer volumetrischen Lösung
Volumetrische Lösungen von genau definierter »Molarität« herzustellen, gelingt nur in wenigen Fällen. Sofern nicht industriell gefertigte Lösungen bzw. Konzentrate verwendet werden, können im Allgemeinen nur volumetrische Lösungen annähernder »Molarität« hergestellt und deren Abweichung durch die Bestimmung des *Faktors (Titers)* festgestellt werden. Diesen Vorgang nennt man »Einstellung der Lösung«.

Der Titer einer Maßlösung kann auf zwei Wegen festgelegt werden:

1. mit sog. *Urtitersubstanzen*, absolut reinen und beständigen Verbindungen, die sich außerdem gut abwiegen lassen, oder

2. durch Titration mit einer vorhandenen Maßlösung genau bekannten Titers.

Titriert man zur Bestimmung des Faktors mit der annähernd molaren Lösung eine genaue abgewogene Menge Urtitersubstanz, so wird der Faktor errechnet als Quotient aus theoretischem und tatsächlichem Verbrauch an volumetrischer Lösung in ml:

MERKE

$$\text{Faktor} = \frac{\text{tatsächlicher Verbrauch (ml)}}{\text{theoretischer Verbrauch (ml)}}$$

Dabei kann der theoretische Verbrauch über die Reaktionsgleichung sehr leicht berechnet und der tatsächliche Verbrauch durch Mittelung aus mehreren Titrationen gebildet werden.

Eine annähernd 1-molare Salzsäure soll gegen Kaliumhydrogencarbonat als Urtitersubstanz eingestellt werden:
Chemischer Vorgang:

$$HCl + KHCO_3 \rightarrow KCl + CO_2 + H_2O$$

Einwaage $KHCO_3$: 4,0176 g
Relative Molekülmasse M_r $KHCO_3$: 100,12
Verbrauch HCl (1 mol · l^{-1}): 37,88 ml

Rechnung: x ml   1 M   4,0176 g
HCl   + KHCO$_3$ → KCl + CO$_2$ + H$_2$O
1 000 ml 1 M   100,12 g

Die theoretisch erforderliche HCl-Menge für 4,0176 g KHCO$_3$ errechnet sich dann aus

$$\frac{x}{1\,000} = \frac{4{,}0176}{100{,}12}$$

$$x = \frac{1\,000 \cdot 4{,}0176}{100{,}12}$$

$$x = 40{,}128 \approx 40{,}13 \text{ ml HCl } (1 \text{ mol} \cdot l^{-1})$$

Theoretisch müssten also für 4,0176 g Kaliumhydrogencarbonat 40,13 ml Salzsäure (1 mol·l^{-1}) mit vorgeschriebenem Gehalt verbraucht werden. Der tatsächliche Verbrauch ist aber 37,88 ml, also errechnet sich der Faktor aus

$$F = \frac{40{,}13}{37{,}88} = 1{,}0594$$

Die hergestellte Salzsäure mit annäherndem Gehalt von 1 mol·l^{-1} hat also einen Gehalt von 1,0594 mol·l^{-1} und ist daher etwas *stärker* als 1-molar.

Da bei Verwendung dieser zu starken Lösung stets weniger verbraucht wird als bei Verwendung einer genau 1-molaren Salzsäure, muss jeweils das Zuwenig an verbrauchter Lösung durch Multiplikation mit dem Faktor über 1 ausgeglichen werden, um das genaue theoretische Volumen an genau 1-molarer Salzsäure in ml zu erhalten.

Wären bei der Einstellung der 1-molaren Salzsäure beispielsweise 41,67 ml verbraucht worden, errechnet sich der Faktor aus

$$F = \frac{40{,}13}{41{,}67} = 0{,}963$$

Die so hergestellte Salzsäure ist also nicht 1-molar, sondern hat einen geringeren Gehalt und ist nur 0,963 molar. Bei einer Gehaltsbestimmung mit dieser Salzsäure muss der Verbrauch mit 0,963 multipliziert werden.

MERKE

Maßlösungen mit einem höheren Gehalt als vorgeschrieben haben einen Faktor über 1, mit einem niedrigeren Gehalt als vorgeschrieben einen Faktor unter 1.

7 Berechnungen zur quantitativen Analyse

Eine etwa 0,1-molare Natronlauge soll gegen eine Salzsäure (0,1 mol · l^{-1}) bekannten Titers eingestellt werden.

20,00 ml der Natronlauge werden vorgelegt. Fünf Titrationen werden durchgeführt. Es werden bis zum Äquivalenzpunkt verbraucht:
18,60 ml, 18,80 ml, 18,40 ml und 18,50 ml der annähernd 0,1 molaren Salzsäure.

Rechnung: Aus diesen Werten ergibt sich als Mittelwert 18,58 ml.

$$F = \frac{18{,}58 \text{ ml}}{20{,}00 \text{ ml}} = 0{,}929$$

Die Natronlauge ist also zu schwach, bei ihrer Verwendung wird jeweils mehr als mit einer genau 0,1-molaren Natronlauge verbraucht.

Hat die zur Einstellung einer Maßlösung verwendete Maßlösung ihrerseits einen Faktor F', so muss dieser bei der Berechnung berücksichtigt werden:

MERKE

$$F = \frac{F' \cdot \text{ml der bekannten Maßlösung}}{\text{ml der einzustellenden Maßlösung}}$$

Aus 36,5 % (m/m) Salzsäure sollen 2 Liter 0,5-molare Salzsäure hergestellt werden.
Wie viel g der 36,5 % Salzsäure werden dazu benötigt?

Rechnung: 1 000 ml 1 M-Salzsäure enthalten 36,46 g HCl

1 000 ml 0,5 M-Salzsäure enthalten 36,46 g · 0,5 HCl

2 000 ml 0,5 M-Salzsäure enthalten

36,46 g · 0,5 · 2 HCl = 36,46 g HCl

Es ergibt sich folgende Beziehung:

$$\frac{100}{36,5} = \frac{x}{36,46}$$

$$x = \frac{36,46 \cdot 100}{36,5} = 99,89 \text{ g}$$

99,89 g 36,5 % Salzsäure sind mit Wasser auf 2 l zu verdünnen, damit eine Salzsäure (0,5 mol · l^{-1}) entsteht. In der Praxis wird man eine annähernd 0,5-molare Salzsäure mit 100 g 36,5 % Salzsäure herstellen und diese dann einstellen.

Maßanalytische Gehaltsbestimmungen

2,000 g Natriumhydroxid werden genau gewogen, in etwa 80 ml kohlendioxidfreiem Wasser gelöst und mit Salzsäure (1 mol · l^{-1}) und Phenolphthalein-Lösung als Indikator bis zum Farbumschlag titriert.
Welchen %-Gehalt hat das Natriumhydroxid?
Relative Molekülmasse von Natriumhydroxid M_r: 40,00
Einwaage: 2,103 g
Verbrauch: 51,2 ml Salzsäure (1 mol · l^{-1})

Rechnung: NaOH + HCl → NaCl + H$_2$O

1 mol NaOH entspricht 1 mol HCl

1 ml 1 M-HCl ≙ 40,00 mg NaOH

51,2 ml 1 M-HCl ≙ 2 048 mg NaOH

Um den Prozentgehalt an NaOH zu errechnen, müssen die Dimensionen der verwendeten Mengen gleichnamig gemacht, die Einwaage also in mg umgerechnet werden.

$$\frac{2103}{100} = \frac{2048}{x}$$

$$x = \frac{100 \cdot 2048}{2103} = 97,38 \%$$

Das Natriumhydroxid hat einen Gehalt von 97,4 % NaOH.

25,0 ml einer Salzsäure werden auf 100,0 ml verdünnt. 10,0 ml davon verbrauchen zur Neutralisation 25,0 ml Natronlauge (0,5 mol · l^{-1}).
Welche Stoffmengenkonzentration (»Molarität«) hat die Salzsäure?

Rechnung: HCl + NaOH → NaCl + H$_2$O

1 mol NaOH entspricht 1 mol HCl
1000 ml   1 M-Natronlauge ≙ 1   mol HCl
2000 ml 0,5 M-Natronlauge ≙ 1   mol HCl
  25 ml 0,5 M-Natronlauge ≙ x_1 mol HCl

7 Berechnungen zur quantitativen Analyse

$$\frac{x_1}{25} = \frac{1}{2\,000}$$

$$x_1 = \frac{25}{2000} \text{ mol HCl}$$

0,0125 mol HCl sind in 10,0 ml verdünnter Salzsäure enthalten.

x_2 mol HCl in 100,0 ml verdünnter Salzsäure

$x_2 = x_1 \cdot 10$
$x_2 = 0{,}0125 \cdot 10$
$x_2 = 0{,}125$

0,125 mol sind in 25 ml verdünnter Salzsäure enthalten.

x_3 mol HCl in 1 000,0 ml Salzsäure

$x_3 = x_2 \cdot 4 \cdot 10$
$x_3 = 0{,}125 \cdot 40$
$x_3 = 5$

Die Salzsäure ist 5-molar.

1,0492 g einer 92 % Schwefelsäure werden auf 250,0 ml verdünnt.
Relative Molekülmasse der Schwefelsäure M_r: 98,08.
Wie viel ml einer 0,1-molaren Natronlauge mit dem Faktor 0,978 sind zur Neutralisation von 25,0 ml der verdünnten Säure erforderlich?

Rechnung: 250 ml Lösung enthalten 1,0492 g 92 % Säure
25 ml Lösung enthalten 0,10492 g 92 % Säure
In 100 g 92 %iger Schwefelsäure sind 92 g H_2SO_4 enthalten.

In 0,10492 g 92 % Schwefelsäure sind x_1 g H_2SO_4 enthalten.

$$\frac{100}{92} = \frac{0{,}10492}{x_1}$$

$$x_1 = \frac{92 \cdot 0{,}10492}{100}$$

$$x_1 = 0{,}0965 \text{ g } H_2SO_4$$

$H_2SO_4 + 2NaOH \rightarrow Na_2SO_4 + 2\,H_2O$

1 000 ml 1 M-Natronlauge $\triangleq \dfrac{98{,}08}{2}$ g H_2SO_4

1 000 ml 0,1 M-Natronlauge $\triangleq \dfrac{98{,}08}{2 \cdot 10}$ g H_2SO_4

x_2 ml 0,1 M-Natronlauge $\triangleq 0{,}0965$ g H_2SO_4

$$\frac{1000 \cdot 2 \cdot 10}{98,08} = \frac{x_2}{0,0965}$$

$$x_2 = \frac{0,0965 \cdot 20\,000}{98,08}$$

$$x_2 = 19,678 \text{ ml } 0,1 \text{ M-NaOH mit dem Faktor 1}$$

Hier muss noch durch den Faktor dividiert werden, da der tatsächliche Verbrauch an annähernd 0,1-molarer Lösung aus dem theoretischen Verbrauch errechnet werden muss:

Aus $\quad F = \dfrac{\text{theoretischer Verbrauch}}{\text{tatsächlicher Verbrauch}}\quad$ folgt

$$\text{tatsächlicher Verbrauch} = \frac{\text{theoretischer Verbrauch}}{F}$$

$$x_3 = \frac{19,678}{0,978}$$

$$x_3 = 20{,}12 \text{ ml } 0{,}1 \text{ M-NaOH mit dem Faktor } 0{,}978$$

Es werden 20,12 ml 0,1-molare Natronlauge mit dem Faktor 0,978 verbraucht.

0,5404 g Natriumthiosulfat werden mit 32,50 ml einer 0,1-molaren Iod-Lösung und Stärkelösung als Indikator titriert. Relative Molekülmasse von Natriumthiosulfat M_r: 158,1.
Wie viel % ist das untersuchte Natriumthiosulfat?

Rechnung: $Na_2S_2O_3 + I_2 \rightarrow 2NaI + Na_2S_4O_6$

$\quad$ 1 000 ml 1 M-Iod-Lösung $\triangleq$ 158,1 g $Na_2S_2O_3$
$\quad$ 1 000 ml 0,1 M-Iod-Lösung $\triangleq$ 15,81 g $Na_2S_2O_3$
$\quad$ 32,5 ml 0,1 M-Iod-Lösung $\triangleq\quad x_1$ g $Na_2S_2O_3$

$$\frac{15,81}{1000} = \frac{x_1}{325}$$

$$x_1 = \frac{15,81 \cdot 32,5}{1\,000} \text{ g}$$

$$x_1 = 0,5138 \text{ g } Na_2S_2O_3$$

in 0,5404 g Substanz sind 0,5138 g $Na_2S_2O_3$ enthalten
in 100 g Substanz sind x_2 g $Na_2S_2O_3$ enthalten

$$\frac{0,5404}{0,5138} = \frac{100}{x_2}$$

$$x_2 = \frac{100 \cdot 0,5138}{0,5404}$$

$$x_2 = 95,08$$

Das Natriumthiosulfat hat einen Gehalt von 95,08 %.

7 Berechnungen zur quantitativen Analyse

Calcium-Ionen werden komplexometrisch mit einer Natriumedetat-Lösung (0,1 mol · l⁻¹) in alkalischem Medium und mit Calconcarbonsäure als Indikator bestimmt. Um die Abscheidung von Calciumhydroxid zu vermeiden, wird mit konzentrierter Natriumhydroxid-Lösung alkalisiert.

Einwaage: 0,1465 g kristallisiertes Calciumchlorid ($CaCl_2 \cdot 2\,H_2O$)

Relative Molekülmasse M_r: 14,70

Wie groß ist die theoretisch errechnete Menge Natriumedetat-Lösung (0,1 mol · l⁻¹)?

Rechnung: Da in der Komplexometrie unabhängig von der Wertigkeit des zu bestimmenden Metall-Ions 1 Metall-Ion von 1 Natriumedetat-Molekül gebunden wird, gilt die Beziehung:

1 000 ml   0,1 M-Edetat-Lösung ≙ 14,702 g $CaCl_2 \cdot 2\,H_2O$

x ml   Edetat-Lösung ≙ 0,1465 g $CaCl_2 \cdot 2\,H_2O$

$$\frac{1\,000}{14{,}702} = \frac{x}{0{,}1465}$$

$$x = \frac{0{,}1465 \cdot 1\,000}{14{,}702}\,\text{ml} = 9{,}97\,\text{ml}$$

Es werden, wenn das Calciumchlorid-Dihydrat den vorgeschriebenen Gehalt hat, 9,97 ml Natriumedetat-Lösung (0,1 mol · l⁻¹) verbraucht.

7.4 ■ Übungsaufgaben zur quantitativen Analyse

1. Wie viel Liter Salzsäure (0,1 mol · l⁻¹) können aus 100 g 37,1 % (m/m) Salzsäure hergestellt werden?

2. 0,710 g reines Natriumcarbonat werden von 26,79 ml einer Salzsäure neutralisiert.
   Welche Molarität hat die Salzsäure?

3. Wie viel g Iod sind in 100 ml einer Iod-Lösung (0,1 mol · l⁻¹) enthalten?

4. Wie viel ml Salzsäure (0,1 mol · l⁻¹) mit dem Faktor 0,947 sind zur Titration von 20,0 ml Natronlauge (0,1 mol · l⁻¹) mit dem Faktor 1,035 erforderlich?

5. Wie viel ml Natronlauge (0,02 mol · l⁻¹) werden für 10,0 ml Salzsäure (0,1 mol · l⁻¹) mit dem Faktor 0,964 verbraucht?

6. Welche Molarität hat eine Schwefelsäure, von der 2,0 ml 16,0 ml Natronlauge (0,5 mol · l^{-1}) zur Neutralisation verbrauchen?

7. Aus 4,3270 g festem Natriumhydroxid wird 1 l einer annähernd 0,1-molaren Natronlauge hergestellt. 10,0 ml dieser Lösung verbrauchen zur Neutralisation 10,40 ml einer Salzsäure (0,1 mol · l^{-1}).

   a) Welchen Faktor muss die Natronlauge haben?

   b) Wie viel Wasser müsste der restlichen Menge zugesetzt werden, um eine genau 0,1-molare Natronlauge zu erhalten?

   c) Wie viel % war das verwendete Natriumhydroxid?

8. Die Borsäure ist eine zu schwache Säure, um direkt mit Lauge titriert werden zu können. Durch Umsetzung mit Mannitol entsteht ein Komplex, der als 1-protonige Säure wirkt, die nun stark genug ist, mit 1-molarer Natronlauge direkt titriert zu werden. Bei einer Einwaage von 1,078 g Substanz wurden 17,40 ml Natronlauge (0,1 mol · l^{-1}) verbraucht.
   Wie viel % ist die Borsäure?

9. Glycerol kann quantitativ periodatometrisch nach Malaprade bestimmt werden.

   Durch Natriumperiodat wird Glycerol gespalten

   $$\begin{array}{l} CH_2OH \\ | \\ CHOH + 2\,IO_4^- \rightarrow 2\,HCHO + HCOOH + 2\,IO_3^- + H_2O \\ | \\ CH_2OH \end{array}$$

   und die dabei entstehende Ameisensäure wird mit Natriumhydroxid-Lösung (0,1 mol · l^{-1}) titriert. Das nicht verbrauchte Natriumperiodat wird vorher zerstört.

   Zur Durchführung werden 25,0 ml einer Natriumperiodat-Lösung (21,4 g · l^{-1}) vorgelegt. Da diese Maßlösung sehr instabil ist, wird auf eine Einstellung verzichtet und stattdessen ein Blindversuch ohne Glycerol durchgeführt.

   Die Differenz an verbrauchten Millilitern Natriumhydroxid-Lösung (0,1 mol · l^{-1}) zwischen Haupt- und Blindversuch wird der Berechnung zugrunde gelegt:

   Einwaage: 0,1078 g Glycerol

   Verbrauch: im Hauptversuch 10,30 ml NaOH (0,1 mol · l^{-1})
   im Blindversuch 0,10 ml NaOH (0,1 mol · l^{-1})

   Wie viel % (m/m) ist das Glycerol?

10. Wie viel % (m/m) Natriumhydroxid enthalten 2,1740 g Natronlauge, zu deren Neutralisation 18,20 ml Salzsäure (0,1 mol · l^{-1}) mit dem Faktor F = 1,012 verbraucht werden.

8 Preisbildung

8.1 ■ Apothekenübliche Waren

In der Apotheke dürfen außer Arzneimitteln auch andere Waren abgegeben werden. Welche Warengruppen dies im Einzelnen sind, ist in der Apothekenbetriebsordnung festgelegt. Apothekenübliche Waren sind Mittel und Gegenstände, die der Gesundheit dienen, Medizinprodukte, Chemikalien oder Pflanzenschutzmittel. Mit Ausnahme der Medizinprodukte, die auf ärztliche Verordnung zu Lasten der gesetzlichen Krankenversicherung abgegeben werden, dürfen die Preise apothekenüblicher Waren frei kalkuliert werden. Die Apotheke kann sich somit auf die jeweiligen Marktbedingungen einstellen.

Tab. 8.1: Preisbildung frei kalkulierter Produkte

+	Apothekeneinkaufspreis (EK) frei kalkulierter Aufschlag
= +	Apothekenverkaufspreis (ohne Mehrwertsteuer) Mehrwertsteuer
=	Apothekenverkaufspreis (VK)

Beispiel:

Der Lippenbalsam »Schön und gepflegt« hat einen Einkaufspreis (EK) von 0,95 € und soll mit einem Aufschlag von 60 % kalkuliert werden. Die Summe aus Einkaufspreis und Aufschlag ergibt den Verkaufspreis ohne Mehrwertsteuer. Nach Hinzurechnung der Mehrwertsteuer erhält man den Apothekenverkaufspreis (VK) (Tab. 8.1).

	0,95 €	EK
+	0,57 €	Aufschlag (60 %)
=	1,52 €	VK o. MwSt.
+	0,29 €	19 % MwSt.
=	1,81 €	VK

8 Preisbildung

Um abschätzen zu können, ob man mit dem Preis für ein Produkt wettbewerbsfähig ist, kalkuliert man auf Grundlage des Nettoeinkaufspreises. Dieser ergibt sich aus dem Einkaufspreis der Ware ohne Mehrwertsteuer abzüglich Rabatt, Skonto oder Naturalrabatt unter Zurechnung eventuell entstandener Warenbezugskosten. Rechnet man auf diesen Nettoeinkaufspreis den prozentualen Aufschlag hinzu, der zur Kostendeckung und Gewinnerzielung erforderlich ist, erhält man den Verkaufspreis ohne Mehrwertsteuer, der noch um 19 % erhöht werden muss.

Beispiel:

Auf die bestellten 50 Stück Lippenbalsam »Schön und gepflegt« zum Preis von je 0,95 € erhielt die Apotheke 5 Stück Naturalrabatt und 2 % Skonto. Der Nettoeinkaufspreis errechnet sich wie folgt:

Bestellmenge	50 Stück Lippenbalsam »Schön und gepflegt«	
Naturalrabatt	5 Stück Lippenbalsam »Schön und gepflegt«	
Einkaufspreis pro Stück	0,95 €	
Skonto	2 %	
50 × 0,95 €	47,50 €	
− 2 % Skonto	0,95 €	
=	46,55 €	EK für 55 Stück
Netto-EK für 1 Stück	0,85 € (46,55 € : 55)	

Die Apotheke entscheidet sich wegen der Wettbewerbssituation für einen Aufschlag von 25 %, sodass sich aufgrund des Nettoeinkaufspreises, des Aufschlages und der Mehrwertsteuer folgender Apothekenverkaufspreis ergibt:

	0,85 €	Nettoeinkaufspreis
+	0,21 €	25 % Aufschlag
=	1,06 €	VK o. MwSt.
+	0,20 €	19 % MwSt.
=	1,26 €	VK

Um den Verkauf anzuregen, werden die Verkaufspreise häufig unter einen bestimmten Schwellenwert gerundet, z. B. hier auf 1,19 € bzw. 1,25 €.

Die Apotheke hat in diesem Beispiel einen Aufschlag von 25 %, entsprechend 0,21 € erhoben, d. h. dieser Betrag ist ihr Rohgewinn an dem Verkauf jeder Packung des Lippenbalsams. Will man den Rohgewinn in Prozent ausrechnen, so geht man vom Verkaufspreis ohne Mehrwertsteuer aus. In diesem Beispiel beträgt demnach der Rohgewinn 19,8 %.

8.2 ■ Arzneimittel

Arzneimittel werden u. a. in Fertigarzneimittel und Rezepturarzneimittel eingeteilt. Sie können verschreibungspflichtig sein, d. h. sie dürfen nur aufgrund einer ärztlichen Verordnung in der Apotheke abgegeben werden. Sie können aber auch nur apothekenpflichtig sein, dann können Patienten das Arzneimittel auch ohne ärztliches Rezept in der Apotheke erwerben. Freiverkäufliche Arzneimittel dürfen auch außerhalb der Apotheke vertrieben werden.

Rechtsgrundlage für die Preisbildung der Arzneimittel ist die Arzneimittelpreisverordnung (AMPreisV). Sie gilt bei der Ermittlung der Preise

- von Fertigarzneimitteln,
- von Stoffen, die in der Apotheke in unverändertem Zustand umgefüllt, abgefüllt, abgepackt oder gekennzeichnet werden,
- von Zubereitungen aus Stoffen, die in der Apotheke hergestellt werden,

wenn diese verschreibungspflichtig oder – sofern sie apothekenpflichtig sind – vom Arzt zu Lasten der Gesetzlichen Krankenversicherung verordnet werden dürfen.

Verschreibungspflichtige Fertigarzneimittel
Die Preisbildung verschreibungspflichtiger Fertigarzneimittel ist in § 3 Arzneimittelpreisverordnung geregelt. Grundlage ist der Apothekeneinkaufspreis. Bei Fertigarzneimitteln, die *ausschließlich* über den pharmazeutischen Hersteller bezogen werden, entspricht der Apothekeneinkaufspreis dem Herstellerabgabepreis ohne Mehrwertsteuer. Bei Fertigarzneimitteln, die auch über den Großhandel erhältlich sind, errechnet sich der Apothekeneinkaufspreis aus dem Herstellerabgabepreis zuzüglich dem Großhandelszuschlag nach § 2 Arzneimittelpreisverordnung jeweils ohne Mehrwertsteuer. Auf diesen Apothekeneinkaufspreis erhebt die Apotheke einen Zuschlag von 3 % und addiert 8,10 € hinzu. Die Summe aus Apothekeneinkaufspreis, prozentualem Zuschlag, Festzuschlag sowie Mehrwertsteuer ergibt den Apothekenverkaufspreis (Tab 8.2).

Tab. 8.2: Preisbildung verschreibungspflichtiger Fertigarzneimittel

	Apothekeneinkaufspreis (EK)
+	3 % Festzuschlag
+	8,10 €
=	Apothekenverkaufspreis (ohne Mehrwertsteuer)
+	Mehrwertsteuer
=	Apothekenverkaufspreis (VK)

8 Preisbildung

Die Apothekenverkaufspreise verschreibungspflichtiger Arzneimittel können dem Artikelstamm des Warenwirtschaftssystems oder den Lieferantenrechnungen entnommen werden. Gleichwohl ist nachfolgend ein Beispiel angeführt.

Beispiel:

ABC-Salbe 100 g

	17,76 €	EK
+	0,53 €	Festzuschlag (3 %)
+	8,10 €	
=	26,39 €	VK o. MwSt.
+	5,01 €	19 % MwSt.
=	31,40 €	VK

MERKE

Bei der Ermittlung der Preise für Arzneimittel ist bei der Berechnung jeder einzelnen Position auf ganze Cent zu runden, d. h.

- bis 0,0049 € wird abgerundet,
- ab 0,0050 € wird aufgerundet.

Der ermittelte Apothekenverkaufspreis darf nicht gerundet werden, z. B. von 25,99 € auf 26,00 €.

Apothekenpflichtige Fertigarzneimittel
Seit dem 01. Januar 2004 gilt die Arzneimittelpreisverordnung nur noch für verschreibungspflichtige Arzneimittel. Die Preisbildung für apothekenpflichtige Fertigarzneimittel wurde aufgehoben. Der Apotheker darf sie ebenso wie die apothekenüblichen Waren frei kalkulieren. Es gibt jedoch eine Ausnahme: Für die Preise der apothekenpflichtigen Fertigarzneimittel, die der Arzt zu Lasten der Gesetzlichen Krankenversicherung verordnen darf, gelten die Vorschriften des § 3 der Arzneimittelpreisverordnung.

Grundlage für die Preisbildung apothekenpflichtiger Fertigarzneimittel, die zu Lasten der Gesetzlichen Krankenversicherung verordnet werden dürfen, ist wie bei den verschreibungspflichtigen Fertigarzneimitteln der Herstellerabgabepreis ohne Mehrwertsteuer. Addiert man den Großhandelshöchstzuschlag hinzu, erhält man den Apothekeneinkaufspreis. Auf diesen erhebt die Apotheke einen Festzuschlag. Die Summe aus Apothekeneinkaufspreis und Festzuschlag zuzüglich der Mehrwertsteuer ergibt den Apothekenverkaufspreis. (Tab. 8.3). Mit steigendem Apothekeneinkaufspreis verringert sich der prozentuale Zuschlag. Man spricht deshalb auch von der degressiven Preisstaffelung.

Tab. 8.3: Preisbildung apothekenpflichtiger, nicht verschreibungspflichtiger Fertigarzneimittel, die erstattungsfähig sind

+	Herstellerabgabepreis (ohne Mehrwertsteuer) Großhandelshöchstzuschlag
= +	Apothekeneinkaufspreis (EK) Festzuschlag
= +	Apothekenverkaufspreis (ohne Mehrwertsteuer) Mehrwertsteuer
=	Apothekenverkaufspreis (VK)

Ab 1. Jan. 2004 beträgt der Festzuschlag bei einem Betrag

		bis	1,22 €	68 Prozent
von	1,35 €	bis	3,88 €	62 Prozent
von	4,23 €	bis	7,30 €	57 Prozent
von	8,68 €	bis	12,14 €	48 Prozent
von	13,56 €	bis	19,42 €	43 Prozent
von	22,58 €	bis	29,14 €	37 Prozent
von	35,95 €	bis	543,91 €	30 Prozent
ab	543,92 €			8,263 Prozent zuzüglich 118,24 €

Der Festzuschlag ist bei einem Betrag

von	1,23 €	bis	1,34 €	0,83 €
von	3,89 €	bis	4,22 €	2,41 €
von	7,31 €	bis	8,67 €	4,16 €
von	12,15 €	bis	13,55 €	5,83 €
von	19,43 €	bis	22,57 €	8,35 €
von	29,15 €	bis	35,94 €	10,78 €

Beispiel:

ABC-Tabletten 50 Stck.

	17,76 €	EK
+	7,64 €	Festzuschlag (43 %)
=	25,40 €	VK o. MwSt.
+	4,83 €	19 % MwSt.
=	30,23 €	VK

Stoffe und Zubereitungen aus Stoffen, die unverändert abgegeben werden
Die Arzneimittelpreisverordnung regelt auch die Preisbildung der Stoffe und Zubereitungen aus Stoffen, die in der Apotheke in unverändertem Zustand umgefüllt, abgefüllt, abgepackt oder gekennzeichnet werden. Der Festzuschlag beträgt 100 %. Wie bei den Fertigarzneimitteln gilt dieser nur für verschreibungspflichtige Stoffe und Zubereitungen aus Stoffen bzw. für apothekenpflichtige Stoffe und Zubereitungen aus Stoffen, sofern diese vom Arzt zu Lasten der Gesetzlichen Krankenversicherung verordnet werden dürfen. In allen anderen Fällen bleibt es der Apotheke unbenommen, sich an diese Preisregelungen zu halten bzw. die Preise anderweitig zu kalkulieren.

Hilfstaxe
Die aktuellen Preise für Stoffe und Zubereitungen aus Stoffen, für die mit den Krankenkassen Preise verbindlich vereinbart wurden, können der Hilfstaxe für Apotheken entnommen werden. Sie wird vom Deutschen Apothekerverband herausgegeben. Die angeführten Berechnungsbeispiele richten sich nach den Ausgaben der Hilfstaxe vom 01. Oktober 2009.

Liste der Arzneimittelpreise
In der ersten Tabellenspalte der Hilfstaxe sind die Stoffnamen in alphabetischer Reihenfolge ihrer altlateinischen Bezeichnungen aufgeführt (Abb. 8.1). Es sind auch die neulateinischen und deutschen Namen aufgeführt sowie die Pharmazentralnummer (PZN) und die Fundstelle, z. B. Deutsches Arzneibuch (DAB) oder Europäisches Arzneibuch (Ph. Eur.). Es folgen der Apothekeneinkaufspreis in Gramm (g) bzw. bei Flüssigkeiten zusätzlich in Milliliter (ml) für die Bezugsgröße, die am häufigsten bestellt wird.

Die angegebenen Preise sind als Basispreise verbindlich für die Abrechnung mit den Krankenkassen und sonstigen Kostenträgern. Im Gegensatz zu früheren Ausgaben der Hilfstaxe sind nur noch Stoffe aufgeführt, zu denen Preise mit den Krankenkassen vereinbart sind.

Bezeichnung					90 %	100 %	10 200	20 250	30 300	50 500	100 1000
★ OL.OLIVARUM PZN 1706676 Olivae oleum virginale *Olivenöl, natives* Ph.Eur. D = 0.914			1000 ml 1000 g	(F) 8,15 8,92	10 g	0,17	0,18	0,71 5,17	0,96 6,33	1,20 7,46	1,83 11,91	2,92 22,47
★ OL.PINI SILVESTRIS PZN 1793008 Pini aetheroleum *Kiefernnadelöl* DAB D = 0.87			25 ml 25 g	(F) 3,90 4,48	1 g	0,34	0,36	4,24	8,00	11,76	19,23	37,96
★ OL.RICINI RAFFINATUM PZN 1706771 Ricini oleum raffinatum *Rizinusöl, raff.* DAB D = 0.958			1000 ml 1000 g	(F) 5,19 5,42	100 g	1,03	1,08	0,64 3,76	0,82 4,57	0,99 5,35	1,48 8,39	2,21 15,42
★ OL.ROSAE ARTIFIC. PZN 1706788 Rosae aetheroleum artif. *Rosenöl, künstl.* D = 0.855			10 ml 10 g	 4,65 5,44								
★ OL.ROSMARINI PZN 1793043 Rosmarini aetheroleum *Olivenöl, natives* DAB D = 0.903			25 ml 25 g	(F) 8,80 9,75	1 g	0,74	0,78	8,90	17,33	25,75	42,55	84,61
★ OL.THYMI PZN 1793155 Thymi aetheroleum *Thymianöl* Ph.Eur. D = 0.895			25 ml 25 g	(F) 4,49 5,02	1 g	0,38	0,40	4,80	9,12	13,45	22,04	43,58
★ OL.ZINC PZN 1706937 Zinci oxidi oleum *Zinkoxidöl* 			 1000 g	(W) 14,90	100 g	2,83	2,98	1,50 9,23	1,86 11,20	2,21 13,21	3,06 20,99	5,09 40,51
★ OLLEYLIUM OLEINICUM PZN 1701762 Oleylis oleas *Oleyloleat* DAB D = 0.872			250 ml 250 g	 5,42 6,22								
★ ORANGEN-AROMA PZN 3291311 D = 0.88			10 ml 10 g	 4,15 4,72								
★ ORANGEN-TROCKENAROMA PZN 3291334 			10 g	 3,20								

Abb. 8.1: Liste der Stoffpreise gemäß Hilfstaxe (Auszug) (Stand 1. Oktober 2009)

Die Preise in den 100 %- bzw. 90 %-Spalten gelten nur für die in der Mengenspalte angegebenen Mengen. Gleiches gilt für die fünf rechten Spalten. Sie enthalten die Apothekenverkaufspreise für bestimmte Mengen eines Stoffes oder einer Zubereitung einschließlich Gefäß und Mehrwertsteuer. **Bei davon abweichenden Mengen muss jeweils vom Basispreis ausgegangen werden.** Die Großbuchstaben in Klammern, z. B. »F« für Flasche oder »W« für Weithalsglas, geben das Gefäß an, dessen Preis in die Berechnung eingegangen ist.

Ist mit den Krankenkassen ein Basispreis für einen Stoff nicht vereinbart, so ist bei einer entsprechenden Verordnung zu ihren Lasten immer der individuelle Einkaufspreis der Apotheke zugrunde zu legen.

Im Anschluss an die Liste der vereinbarten Basispreise ist eine Tabelle abgedruckt, in der für die deutschen und neulateinischen Bezeichnungen der Ausgangsstoffe deren altlateinischen Bezeichnungen, wie sie auf den Standgefäßen der meisten Apotheken vorhanden sind, aufgeführt sind. Mit ihr kann, wenn auf einer Verordnung der Stoff mit seiner deutschen oder neulateinischen Bezeichnung verschrieben worden ist, das entsprechende Standgefäß mit seiner altlateinischen Bezeichnung aufgefunden werden.

Liste der Gefäßpreise
Für Gefäße gelten sinngemäß die gleichen Bestimmungen wie für Stoffe (Abb. 8.2). Sofern mit den Spitzenverbänden der Krankenkassen ein Basispreis vereinbart wurde, ist dieser verbindlich. Wird für die Beschriftung des Gefäßes ein Etikett benötigt, ist dessen Preis bereits im Gefäßpreis enthalten.

Beispiel:

Pasta Zinci 100,0 g

250,0 g Pasta Zinci kosten 4,35 €
100,0 g Pasta Zinci kosten   x €

$$x = \frac{100{,}0 \text{ g} \times 4{,}35 \text{ €}}{250{,}0 \text{ g}}$$

$x = 1{,}74$

 3,48 € (1,74 € × 2 = Preis 100,0 g Pasta Zinci, 100 % Rezepturzuschlag)
$+$ 0,68 € (0,34 € × 2 = Preis 100 g-Kruke, 100 % Rezepturzuschlag)

$=$ 4,16 €
$+$ 0,79 € 19 % MwSt.

$=$ 4,95 € VK

PZN	Artikelbezeichnung	Menge	Einheit	AEK in € zzgl. MwSt. gültig ab 01.10.2009	90 %- Preis	100 %- Preis
2182293	APONORM DREHDOSIERKURKEN	20	G	0,54	1,03	1,08
2182301		30	G	0,64	1,22	1,28
2182318		50	G	0,72	1,37	1,44
2182324		100	G	0,88	1,67	1,76
2182330		200	G	1,19	2,26	2,38
2598728	AUGENTROPFGLAS STERIL	10	ML	2,21	4,20	4,42
6347377	EINZELDOSISBEHAELTER 1 ML	1	ST	0,07	0,13	0,14
2599774	GELATINEKAPSEL GR 0	1	ST	0,03	0,06	0,06
2599768	GR 00	1	ST	0,03	0,06	0,06
2599780	GR 1	1	ST	0,03	0,06	0,06
2599805	GR 2	1	ST	0,03	0,06	0,06
2598881	GR 3	1	ST	0,02	0,04	0,04
2598898	GR 4	1	ST	0,02	0,04	0,04
2599024	GEWINDEFLASCHE GL 28	50	ML	0,36	0,68	0,72
2599030	GL 28	100	ML	0,41	0,78	0,82
2599053	GL 28	150	ML	0,49	0,93	0,98
2599076	GL 28	200	ML	0,54	1,03	1,08
2599082	GL 28	250	ML	0,62	1,18	1,24
2599099	GL 28	300	ML	0,69	1,31	1,38
2599107	GL 28	500	ML	0,93	1,77	1,86
2599113	GL 28	1000	ML	1,29	2,45	2,58
2598906	KURKE MIT DECKEL WEISS KST	10	G	0,15	0,29	0,30
2598912	KST	20	G	0,17	0,32	0,34
2598929	KST	30	G	0,18	0,34	0,36
2598935	KST	50	G	0,21	0,40	0,42
2598941	KST	75	G	0,32	0,61	0,64
2598958	KST	100	G	0,34	0,65	0,68
2598964	KST	150	G	0,57	1,08	1,14
2598970	KST	200	G	0,59	1,12	1,18
2598987	KST	250	G	0,69	1,31	1,38
2599001	KST	500	G	1,36	2,58	2,72
2598993	KST	300	G	0,84	1,60	1,68
2599018	KST	1000	G	2,30	4,37	4,60
6179804	KRUKE UNGUATOR	20	ML	0,48	0,91	0,96
7332337		30	ML	0,58	1,10	1,16
6179810		50	ML	0,65	1,24	1,30
6179827		100	ML	0,81	1,54	1,62
7332343		200	ML	1,12	2,13	2,24
246712		300	ML	2,03	3,86	4,06
246729		500	ML	2,38	4,52	4,76

Abb. 8.2: Liste der Gefäßpreise gemäß Hilfstaxe (Auszug) (Stand 1. Oktober 2009)

MERKE

Ist mit den Krankenkassen ein Basispreis vereinbart worden, wie z. B. für Pasta Zinci, wird immer mit dem anteiligen Apothekeneinkaufspreis gemäß Hilfstaxe + 100 % gerechnet. Dabei spielt es keine Rolle, ob die Zubereitung in der Apotheke angefertigt oder über den Großhandel bezogen worden ist.

Beispiel:

Tinctura Valerianae 250,0 g

1000,0 g Tinctura Valerianae kosten 14,76 €
250,0 g Tinctura Valerianae kosten   x €

$$x = \frac{250,0 \text{ g} \times 14,76 \text{ €}}{1000,0 \text{ g}}$$

x = 3,69 €

```
   7,38 €  (3,69 € × 2; Preis 250,0 g Tinct. Valerian. 100 % Rezepturzuschlag)
+  1,38 €  (0,69 € × 2; Preis 300 ml-Gewindeflasche 100 % Rezepturzuschlag)
=  8,76 €
+  1,66 €  19 % MwSt.
= 10,42 €  VK
```

Tinctura Valerianae hat eine Dichte unter 1. Dies bedeutet, dass 250,0 g Tinctura Valerianae ein Volumen von mehr als 250 ml haben. Es muss daher das nächstgrößere Gefäß verwendet werden. In der Hilfstaxe ist bei Flüssigkeiten immer auch die Dichte angegeben. Werden Flüssigkeiten nach Volumen abgefüllt, muss die Dichte nicht berücksichtigt werden. Die Größe des Gefäßes ergibt sich dann aus dem benötigten Volumen.

Zubereitungen aus einem oder mehreren Stoffen

Für Zubereitungen aus einem oder mehreren Stoffen beträgt der Rezepturzuschlag 90 %. In Abhängigkeit des Schwierigkeitsgrades und der Menge der herzustellenden Rezeptur wird der Rezepturzuschlag in unterschiedlicher Höhe erhoben. Die Preise der Rezepturarzneimittel werden in der Regel nach folgendem Schema berechnet (Tab. 8.4).

Tab. 8.4: Preisbildung der Rezepturarzneimittel

	Stoff(e) mit jeweils 90 % Festzuschlag (= anteiliger Apothekeneinkaufspreis × 1,9)
+	Gefäß mit 90 % Festzuschlag
+	Rezepturzuschlag
=	Apothekenverkaufspreis (ohne Mehrwertsteuer)
+	Mehrwertsteuer
=	Apothekenverkaufspreis (VK)

Beispiel

Rundungsregeln

- Der niedrigste Einkaufspreis für eine bestimmte Menge ist 1 Cent. Werden 90 bzw. 100 % zugeschlagen, ist der Mindestpreis stets 2 Cent.
- In **einem** Rechenvorgang darf nur **einmal** gerundet werden, und zwar immer am Schluss.

Beispiel: 25 g Oleum Pini silvestris kosten 4,48 €, dann kostet 1 g:

$$\frac{25}{4,48} = \frac{1}{x}$$

$$x = \frac{4,48 \cdot 1}{25} \quad x = 0,1792$$

Abgabe unverarbeitet mit Zuschlag 100 %: $0,1792 \cdot 2 = 0,3585$
gerundet 0,36 €

Abgabe verarbeitet mit Zuschlag 90 %: $0,1792 \cdot 1,9 = 0,34048$
gerundet 0,34 €

Es gelten die Rundungsregeln, wie auf Seite 23 beschrieben: Rechenergebnisse unter 0,5 Cent werden nach unten, ab 0,5 Cent nach oben auf volle Cent gerundet. Die Errechnung des Substanzpreises ist der *erste*, die Errechnung des Abgabepreises mit Rezepturzuschlag, Mehrwertsteuer usf. der *zweite* Rechenvorgang.

Rezepturzuschlag

Der Rezepturzuschlag wird stets nach Masse berechnet. Die in der Arzneimittelpreisverordnung festgelegten Rezepturzuschläge können einer Tabelle der Hilfstaxe entnommen werden (Abb. 8.3). Die Höhe des Rezepturzuschlages ist abhängig vom Schwierigkeitsgrad der Rezeptur und von der herzustellenden Menge. So darf beispielsweise für die Anfertigung 300 g gemischten Tees ein Rezeptzuschlag von 2,50 € erhoben werden. Für die Füllung von 60 Kapseln beträgt der Rezeptzuschlag hingegen 21,00 €. Sind bei einer Rezeptur mehrere Arbeitsgänge durchzuführen, für die Einzelpreise festgesetzt sind, darf jeweils nur der höchste Rezepturzuschlag berechnet werden. Für jede über die sog. Grundmenge hinausgehende kleinere bis gleich große Menge erhöht sich der Rezepturzuschlag um jeweils 50 vom Hundert.

In vielen Rezepturen muss Wasser verwendet werden. Dessen Qualität muss mindestens der Monographie »Aqua purificata« des Europäischen Arzneibuchs entsprechen. Für die Herstellung von Aqua purificata darf die Apotheke den sog. Qualitätszuschlag einmal berechnen. Er beträgt 0,77 € zzgl. 90 % Festzuschlag, das sind 1,46 €, d. h. der Preis für Aqua purificata errechnet sich aus dem Preis für Wasser und dem Qualitätszuschlag. Der Qualitätszuschlag darf aber nur einmal berechnet werden, auch wenn die Rezeptur aus mehreren wasserhaltigen Bestandteilen besteht. Der Qualitätszuschlag darf allerdings nicht berechnet werden, wenn zur Herstellung der Rezeptur »Aqua ad injectabilia« verwendet werden muss, z. B. bei der Herstellung von Augentropfen, da dessen Preis aus dem mit den Krankenkassen vereinbarten Grundpreis berechnet werden muss.

Beispiel:

Leinsamen, frisch geschrotet, 200,0 g

(Einkaufspreis der Apotheke: 3,50 €)
1000 g Semen Lini kosten 3,50 €
 200 g Semen Lini kosten   x €

$$x = \frac{3{,}50\ \text{€} \times 200{,}0\ \text{g}}{1000{,}0\ \text{g}}$$

$x = 0,70$ €

    1,33 € (0,70 × 1,9 = 1,33 mit 90 % Festzuschlag)
+ 0,19 € 90 % Festzuschlag (Einkaufspreis f. Bodenbeutel: 0,10 €)
+ 2,50 € Rezepturzuschlag
___
    4,02 € Zwischensumme
+ 0,76 € 19 % MwSt.
___
= 4,78 € VK

Beispiel:

Zinkoxid 750,0 g
Mittelkettige Triglyceride 500,0 g
Wollwachsalkoholsalbe 1250,0 g
für den Sprechstundenbedarf*)

	10,34 €	90 % Festzuschlag (1000,0 g: 7,25 €)
+	25,69 €	90 % Festzuschlag (250,0 g: 6,76 €)
+	23,20 €	90 % Festzuschlag (1000,0 g: 9,77 €)
+	35,00 €	Rezepturzuschlag
	94,23 €	Zwischensumme
+	17,90 €	19 % MwSt.
=	112,13 €	VK

Der Rezepturzuschlag für 2500 g Salbe errechnet sich wie folgt:

1 × Grundmenge 200 g	Grundpreis	5,00 €
11 × Grundmenge 200 g	11 × halber Grundpreis (11 × 2,50 €)	27,50 €
1 × kleine Grundmenge 100 g	1 × 2,50 €	2,50 €

Rezepturzuschlag 35,00 €

MERKE

Bei Rezepturen, die für den Sprechstundenbedarf hergestellt werden, darf den Krankenkassen ein Abgabegefäß nicht berechnet werden.

Beispiel:

Hydrophile Polyvidon-Iod-Salbe 10 % (NRF 11.17)

Polyvidon-Iod 5,0	5,0		1,18 €	(100 g: 12,42 €)**
Polyethylenglycol. 400	30,0	+	1,37 €	(100 g: 2,41 €)
Polyethylenglycol. 4000	12,5	+	0,65 €	(100 g: 2,73 €)
Aqua purificata	2,5	+	0,02 €	(1000 g: 0,80 €)
		+	1,46 €	Qualitätszuschlag
			0,91 €	(Tube 60 ml: 0,48 €)
			5,00 €	Rezepturzuschlag
			10,59 €	Zwischensumme
		+	2,01 €	19 % MwSt.
		=	12,60 €	VK

* In der Hilfstaxe ist ein Verzeichnis vorhanden, in dem von den deutschen auf die lateinischen Bezeichnungen verwiesen wird.
** Kein Preis vereinbart. Grundlage ist der Einkaufspreis.

Rezepturzuschläge

1. Anfertigung eines gemischten Tees, Herstellung einer Lösung ohne Anwendung von Wärme, Mischen von Flüssigkeiten	bis	300 g	600 g	900 g	1200 g	
	EUR	2,50	3,75	5,00	6,25	
2. Anfertigung von Pudern, ungeteilten Pulvern, Salben, Pasten, Suspensionen und Emulsionen	bis	200 g	400 g	600 g	800 g	1200 g
	EUR	5,00	7,50	10,00	12,50	15,00
3. Anfertigung von Lösungen unter Anwendung von Wärme, Mazerationen, Aufgüssen und Abkochungen	bis	300 g	600 g	900 g	1200 g	
	EUR	5,00	7,50	10,00	12,50	
4. Anfertigung von Arzneimitteln mit Durchführung einer Sterilisation, Sterilfiltration oder aseptischer Zubereitung	bis	300 g	600 g	900 g	1200 g	
	EUR	7,00	10,50	14,00	17,50	
5. Zuschmelzen von Ampullen	bis	6 St.	12 St.	18 St.	24 St.	
	EUR	7,00	10,50	14,00	17,50	
6. Anfertigung von Pillen, Tabletten und Pastillen	bis	50 St.	100 St.	150 St.		
	EUR	7,00	10,50	14,00		
7. Anfertigung von abgeteilten Pulvern, Zäpfchen, Vaginalkugeln und für das Füllen von Kapseln	bis	12 St.	24 St.	36 St.	48 St.	60 St.
	EUR	7,00	10,50	14,00	17,50	21,00

Abb. 8.3: Rezepturzuschläge nach Arzneimittelpreisverordnung (Stand 1. Oktober 2009)

MERKE

Für die Herstellung von Rezeptur- und Defekturarzneimitteln wird unversteuerter Spiritus, in allen anderen Fällen muss versteuerter Spiritus verwendet werden.

Taxhilfen
Damit nicht in jedem Fall der Preis eines Stoffes oder einer Zubereitung jeweils neu ausgerechnet werden musste, waren in der Hilfstaxe bisher unter dem Stichwort »Taxhilfen« Preistabellen vorhanden, die für die einzelnen Gewichtsstufen Preise mit dem Zuschlag 90 % enthielten. Der Gefäßpreis

mit 90 % Festzuschlag, der Rezepturzuschlag, ggf. der Qualitätszuschlag sowie die Mehrwertsteuer mussten noch hinzugerechnet werden. Für Flüssigkeiten mit Dichten unter bzw. über 1, d. h. deren Massen nicht ihrem Volumen entsprechen, waren jeweils g- und ml-Tabellen vorhanden.

Derzeit sind diese Taxhilfen in der Hilfstaxe nicht vorhanden. Es ist jedoch vorgesehen, mit der nächsten Ergänzungslieferung, voraussichtlich 2010, Taxhilfen dieser Art für die folgenden Zubereitungen wieder einzuführen:

- Aethanol 70 % unversteuert (Spiritus dilutus), Berechnung in Gramm und Milliliter
- Aethanol 90 % unversteuert (Spiritus), Berechnung in Gramm und Milliliter
- 2-Propanol 70 % (Isopropylalkohol), Berechnung in Gramm und Milliliter
- Wasserhaltige hydrophile Salbe DAB (Unguentum emulsificans aquosum), Berechnung in Gramm
- Wasserstoffperoxid-Lösung 3 % (Hydrogenium peroxydatum solutum), Berechnung in Gramm
- Weiche Zinkpaste (Pasta Zinci mollis), Berechnung in Gramm

Verarbeitung von Fertigarzneimitteln in Rezepturen
In Rezepturen werden auch Fertigarzneimittel verarbeitet. Die Preisbildung dieser Rezepturen ist in der Arzneimittelpreisverordnung geregelt. Nach § 5 Abs. 2 Nr. 2 der Verordnung ist der Apothekeneinkaufspreis der *erforderlichen* Packungsgröße(n) zugrunde zu legen, auf den ein Festzuschlag von 90 % aufgeschlagen wird. Es spielt dabei keine Rolle, ob von dem Fertigarzneimittel nur eine Teilmenge oder aber der gesamte Packungsinhalt verarbeitet wird.

Beispiel:

Ecural Salbe	**20,0**
Unguentum Alcohol. Lanae ad	**60,0**

	8,02 €	(20 g: 4,22 €)*
+	0,74 €	(1000 g: 9,77 €)
+	0,91 €	(Tube 60 ml: 0,48 €)
+	5,00 €	Rezepturzuschlag
	14,67 €	Zwischensumme
+	2,79 €	19 % MwSt.
=	17,46 €	VK

---

* Kein Preis vereinbart. Grundlage ist der Einkaufspreis.

Preisbildung für bestimmte Rezepturen
Für bestimmte Rezepturen, insbesondere solche mit sehr teuren Wirkstoffen und besonderen Anforderungen an die Herstellung, hat der Deutsche Apothekerverband e. V. mit den Krankenkassen besondere Regelungen zur Preisbildung getroffen. Darunter fallen parenterale Lösungen, wie

- Zytostatika-haltige Lösungen,
- Antibiotika- und Virustatika-haltige Lösungen,
- Parenterale Ernährungslösungen,
- Lösungen mit Schmerzmitteln,
- Methadon-Rezepturen.

Außerdem sind mit den Krankenkassen Vereinbarungen über die Preisberechnung für Zubereitungen aus L-Polamidon®, Subutex® und Suboxone® getroffen wurden. Einzelheiten und Berechnungsbeispiele können den Anhängen der Hilfstaxe entnommen werden.

8.3 Zusätzliche Gebühren

Notdienst
Während der allgemeinen Ladenschlusszeiten in der Zeit von 20 bis 6 Uhr, an Sonn- und Feiertagen sowie am 24. Dezember, wenn dieser Tag auf einen Werktag fällt bis 6 und ab 14 Uhr haben immer eine Reihe Apotheken Dienst, damit die Patienten auch zu diesen Zeiten mit dringend benötigten Arzneimitteln versorgt werden können. Bei Inanspruchnahme der Apotheke zu diesen Zeiten kann ein zusätzlicher Betrag, die sog. Noctu-Gebühr von 2,50 €, erhoben werden. Da sie wie die Abgabepreise der Arzneimittel bereits die Mehrwertsteuer enthält, muss sie nur der Gesamtsumme hinzugerechnet werden. Hält der Arzt die Belieferung eines Rezeptes auch während der Nacht oder an Sonn- und Feiertagen für erforderlich, so kreuzt er auf dem Rezeptformular das Feld »Noctu« an (Abb. 8.4). In diesem Fall übernimmt die Krankenkasse die Notdienstgebühr, andernfalls muss sie der Patient selbst bezahlen.

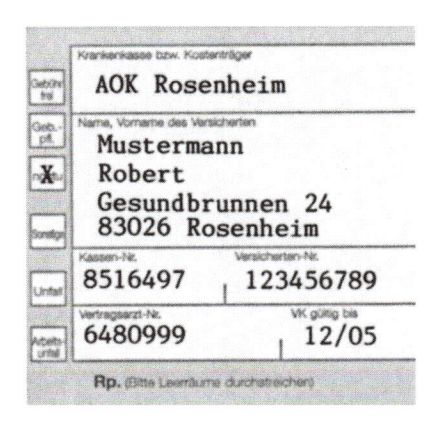

Abb. 8.4: Noctu-Feld des Rezeptformulars

Betäubungsmittel
Gibt die Apotheke aufgrund einer ärztlichen Verordnung Betäubungsmittel ab, deren Verbleib dokumentiert werden muss, so kann sie dafür eine Zusatzgebühr in Höhe von 0,26 € einschließlich Mehrwertsteuer erheben.

Sonderbeschaffung
In manchen Fällen können benötigte Arzneimittel nicht über den Großhandel bezogen werden. Unvermeidbare Telegrammgebühren, Fernsprechgebühren, Porti, Zölle oder andere Kosten können dann mit Zustimmung der Krankenkasse gesondert in Rechnung gestellt werden.

8.4 ■ Übungsaufgaben zur Preisbildung

1. Ermitteln Sie den Netto-Einkaufspreis von 50 Tuben Zahnpasta bei einem Einkaufspreis von 1,25 € pro Stück, wenn Sie 5 Tuben Naturalrabatt und 2 % Skonto erhalten.

Bestellmenge	50	Tuben Zahnpasta
Naturalrabatt	5	Tuben Zahnpasta
Einkaufspreis	1,25 €	pro Stück o. MwSt.
Skonto	2 %	

2. Setzen Sie einen Schwellenpreis für eine Zahnpasta mit einem Netto-Einkaufspreis von 1,55 € und einem Aufschlag von 25 % fest.

3. Zur Begleichung einer Rechnung überweist der Apotheker nach Abzug von 3 % Barrabatt einen Betrag von 1357,50 €.

   a) Wie hoch ist der Rechnungsbetrag?

   b) Wie hoch ist der Rabatt in €?

4. Der Verkaufspreis eines verschreibungspflichtigen Arzneimittels beträgt 16,32 € einschließlich Mehrwertsteuer. Errechnen Sie den Apothekeneinkaufspreis. Im Endverkaufspreis eines Arzneimittels sind 15,97 % Mehrwertsteuer (bei 19 %) enthalten.

5. Bei einem Auftrag über 100 Packungen eines Arzneimittels bietet eine Firma 4 % Barrabatt und 2 % Skonto. Sie fügt der Sendung darüber hinaus noch 10 % Naturalrabatt bei. Der Rechnungsbetrag ohne Mehrwertsteuer und ohne Abzüge lautet auf 480,00 €.

   a) Wie viel kostet eine Packung des Arzneimittels im Vergleich zum berechneten Apothekeneinkaufspreis von 480,00 €?

   b) Wie hoch ist die Ersparnis in € und in Prozent?

6. Ermitteln Sie für das folgende Arzneimittel den Apothekenverkaufspreis:

   XXS-Tabletten, 35,43 € Apothekeneinkaufspreis (verschreibungspflichtiges Arzneimittel)

7. Berechnen Sie den Apothekenverkaufspreis von 100 g Unguentum Alcoholum Lanae.

Ungt. Alcoholum Lanae 1000 g	9,77 €
Tube 120 ml	0,66 €

8. Berechnen Sie den Apothekenverkaufspreis der folgenden Teemischung zu Lasten der Krankenkasse[1]:

Fruct. Foenicul.	40,0	(250 g: 2,79 €)
Fruct. Coriand. tot.	40,0	(250 g: 1,56 €)
Fruct. Carvi tot.	20,0	(250 g: 2,25 €)
Flachbeutel		(Gr. 13: 0,17 €)

---

[1] Die angegebenen Preise sind Einkaufspreise der Apotheke, mit den Krankenkassen jedoch nicht vereinbart. Nach der Arzneimittelpreisverordnung sind sie in diesem Fall Grundlage für die Preisberechnung.

9. Berechnen Sie den Apothekenverkaufspreis der folgenden Teemischung zu Lasten der Krankenkasse:

Cort. Frangul.	50,0	(250 g: 2,56 €)
Herb. Millefolii	60,0	(500 g: 4,09 €)
Fol. Sennae	ad 200,0	(500 g: 3,45 €)[2)]
m. f. spec.		
Bodenbeutel		(250 g: 0,10 €)

10. Berechnen Sie den Apothekenverkaufspreis für 50 g Baldriantropfen zu Lasten der Krankenkasse:

Tinct. Valerian.	50,0	(1000 g: 14,76 €)
Tropfglas		(100 ml: 0,35 €)

11. Berechnen Sie den Apothekenverkaufspreis von 500 g geschrotetem Leinsamen zu Lasten der Krankenkasse[1)]:

Sem. Lini tot.	500,0	(1000 g: 3,50 €)
Bodenbeutel, gefüttert		(500 g: 0,17 €)

12. Berechnen Sie den Apothekenverkaufspreis der folgenden Salbe:

Betnesol-V Salbe	10,0	(EK 25 g: 5,12 €)
Ungt. molle	ad 100,0	(250 g: 5,43 €)
Tube		(120 ml: 0,66 €)

13. Berechnen Sie den Apothekenverkaufspreis der folgenden Lösung zu Lasten der Krankenkasse[1)]:

Glycerinum	25,0	(1000 g: 4,67 €)
Aqua purificata	ad 40,0	(1000 g: 0,80 €)
Tropfglas		(50 ml: 0,28 €)

14. Berechnen Sie den Apothekenverkaufspreis der folgenden Salbe:

Hydrocortison. acetic.	0,25	(1 g: 4,38 €)
Acid. sorbic.	0,05	(25 g: 3,40 €)
Ungt. emulsific. nonionic. aquos.	ad 50,0	(100 g: 3,60 €)
Tube		(60 ml: 0,48 €)

15. Berechnen Sie den Apothekenverkaufspreis der folgenden Augentropfen:

Tetracain. hydrochloric.	0,075	(10 g: 10,45 €)
Natr. chlorat.	0,12	(250 g: 2,00 €)
Chlorhexidin. acetic.	0,0015	(5 g: 4,98 €)
Aqua ad iniectabilia	ad 15,0	(1000 ml: 4,26 €)
Augentropfenglas steril		(10 ml: 2,21 €)

---

1) Die angegebenen Preise sind Einkaufspreise der Apotheke, mit den Krankenkassen jedoch nicht vereinbart. Nach der Arzneimittelpreisverordnung sind sie in diesem Fall Grundlage für die Preisberechnung.
2) Nur dieser Preis ist mit den Krankenkassen vereinbart.

8 Preisbildung

16. Berechnen Sie den Apothekenverkaufspreis für das folgende Gel zu Lasten der Krankenkasse:

Calc. gluconic.	2,5	(100 g:	4,25 €)[1]
Chlorhexidin. acetic.	0,03	(5 g:	4,98 €)
Hypromellosum 2000	2,0	(25 g:	4,60 €)[1]
Propylenglycol.	5,0	(100 g:	2,36 €)
Aqua purificata	ad 100,0	(1000 g:	0,80 €)
Weithalsglas		(125 ml:	0,75 €)

17. Berechnen Sie den Apothekenverkaufspreis des folgenden Ätzgels zu Lasten der Krankenkasse:

Acid. phosphoric. conc.	8,0	(250 g:	4,65 €)
Glycerinum	3,0	(1000 g:	4,67 €)
Silic. dioxydat. colloid.	1,4	(100 g:	18,23 €)
Methylthion. chlorat.	0,002	(10 g:	6,80 €)
Aqua purificata	ad 20,0	(1000 g:	0,80 €)
Weithalsglas		(25 ml:	0,48 €)

18. Berechnen Sie den Apothekenverkaufspreis der folgenden Vaginalkugeln zu Lasten der Krankenkasse:

Progesteron.	0,25	(1 g:	5,58 €)
Macrogol 400	60,0	(100 g:	2,41 €)
Macrogol 6000	40,0	(100 g:	3,00 €)
M. f. vag. glob. Nr. 30 zu je 3,0			
Kruke		(200 g:	0,59 €)

19. Berechnen Sie den Apothekenverkaufspreis der folgenden Ohrentropfen zu Lasten der Krankenkasse:

Natr. carbonic. sicc.	0,26	(250 g:	3,99 €)[1]
Glycerinum anhydric.	6,4	(1000 g:	4,67 €)
Aqua purificata	ad 10,0	(1000 g:	0,80 €)
Pipettenglas kompl.		(10 ml:	0,63 €)

20. Berechnen Sie den Apothekenverkaufspreis der folgenden sterilen Augensalbe zu Lasten der Krankenkasse:

Cholesterin. pur.	0,1	(25 g:	16,11 €)[1]
Vasel. alb.	5,65	(1000 g:	5,69 €)
Paraff. subliquid.	ad 10.0	(1000 g:	4,95 €)
Tube		(15 ml:	0,36 €)

---

[1] Die angegebenen Preise sind Einkaufspreise der Apotheke, mit den Krankenkassen jedoch nicht vereinbart. Nach der Arzneimittelpreisverordnung sind sie in diesem Fall Grundlage für die Preisberechnung.

9 Ergebnisse der Übungsaufgaben

9.1 ■ Ergebnisse der Übungsaufgaben zu den Grundrechenarten

1. CDXXIV;   MCMLXXXIII;   MCCLXXXVII;
   LXXIX;   MMMDLXXXVIII.

2. 1444;   129;   999;   1949;   2014;   1647

3. a)   417,0897
   b) 13 750,832
   c)   3871,159

4. a)   75,9103
   b) 13 259,168
   c)   3086,841

5. a)   236,2243
   b) 13 550,358
   c)   3717,973

6. a) $4\frac{1}{6}$

   b) $\frac{9}{10}$

   c) $6\frac{71}{72}$

7. + 63
   − 71
   + 31

9 Ergebnisse der Übungsaufgaben

8. a) 599,38125
   b) 0,1632
   c) 0,008

9. a) 49,6
   b) 11
   c) 0,005

10. a) 0,584
    b) 5,55
    c) 5,583

11. a) 4
    b) 2
    c) $3\frac{149}{168}$
    d) 1

12. a) 56,1°
    b) 99,39 %
    c) $+ 5,25°$
    d) $- 0,04°$

13. a) $2,34 \cdot 10^2$
    b) $1,2 \cdot 10^{-1}$
    c) $4,12 \cdot 10^5$
    d) $2,3 \cdot 10^{-3}$
    e) $1,002 \cdot 10^{-4}$
    f) $1,2 \cdot 10^7$

14. a) 10^{-1}
    b) 10^{-3}
    c) 10^2

15. a) $4,1013 \cdot 10^{-5}$
    b) $1,30768 \cdot 10^2$

9.2 ■ Ergebnisse der Übungsaufgaben zu Proportionen und Dreisatz

1. 2^{60} Bakterien

2. $4{,}1 \cdot 10^8$ Geburten

3. 1,00 g bas. Bismutnitrat in 47,0 (47,059) ml Wasser und 11,8 (11,765) ml Eisessig; 9,4 (9,412) g Kaliumiodid in 23,5 (23,529) ml Wasser

4. 1,75 g Eisen(II)-sulfat und 4,40 g Phenanthrolinhydrochlorid werden in 175 ml Wasser gelöst und zu 250 ml aufgefüllt.

5. 13,3 (13,333) g Kaliumhexahydroxoantimonat(V) in 633 (633,333) ml Wasser; 16,7 (16,667) g Kaliumhydroxid in 333 (333,33) ml Wasser und 6,7 (6,66) ml verdünnte Natriumhydroxid-Lösung werden auf 1000 ml aufgefüllt.

6. 58,824 g Natriumsulfat
   36,765 g Natriumnitrat
   36,765 g Ammoniumchlorid
   117,647 g Wasser

7. 3703 Tabl. Temgesic
   666 Supp. MSR
   272 Amp. Dipidolor

8. 8 Tabl.;   6 Tabl.;   7,5 Tabl.;   9 Tabl.;   10,5 Tabl.

9. 18,5 Tage

10. 120 Flaschen

11. Mittel A: 2 Tabletten kosten 0,95 €
    Mittel B: 1 Tablette kostet 0,51 €

12. Eine Tagesdosis kostet: 0,87 €; 0,96 €; 0,75 €; 0,62 €; 0,48 €; 0,45 €.

13. a) 10 Tage
    b) 4 Personen

14. 55 Btl. zu 50 g
    110 Btl. zu 20 g

15. 3mal tägl. 10 ml

16. a) 3mal tägl. 4 ml ≙ 0,8 Messlöffel

    b) 3 Flaschen (2,24)

17. 3 Flaschen

18. 6750 g

9.3 ■ Ergebnisse der Übungsaufgaben zur Prozent- und Promillerechnung

1. 43,67 €   4,74 €   13,27 €   6,12 €   132,21 €

2. 2,20 €   7,23 €   2,84 €   0,28 €   17,73 €

3. 221,60 €   147,73 €

4. 242,10 €

5. a) 1 454,79 €
   b)   87,29 €

6. 16,00 €

7. 9,09 %

8. 8,24 %

9. 86,8 (86,806) g 36 % Salzsäure
   163,2 (163,194) g Wasser

10. 1600 ml

11. 0,26 %

12. 341,81 €

13. 21,56 €

14. 47,64 % Gewinn und 90,98 Zuschlag
    5 000 g : 40 g = 125 Btl.
      100 Btl.   =   4,00 €
      125 Btl.   =   5,00 €

    Einkaufspreis für 5 kg inkl. Verp.   55,00 €
    Verkaufspreis für 5 kg inkl. MwSt. 125,00 €

    125,00 €   =   119 %
    105,04 €   =   100 % (Preis ohne MwSt.)

    105,04 €   =   100 %
    50,04 €   = x_2 % ≙ 47,64 %

    55,00 €   =   100 %
    50,04 €   = x_1 ≙ 90,98 %

15. Der Einkaufspreis verringert sich pro Packung um
    0,74 € oder 15,42 %.
    100 Packg.   480,00 € → 4,80 pro Packg. ≙ 100 %
                 458,40 € = 95,5 %
                 ─────────
                  11,46 € Skonto
    110 Packg.   446,94 € → 4,06 € pro Packg.
                           0,74 € Vorteil ≙ 15,42 %

16. 36,09 %

17. a) 21,92 %
    b) 14,63 %

18. a) 5289,50 g Campher   b) 21,549 kg Salbengrundlage
       3312,15 g Eukalyptusöl   c) 876 Kruken
       3312,15 g Fichtennadelöl
        450,85 g Latschenkiefernöl
        621,25 g Terpentinöl
        965,60 g Menthol

19. 1,1 ‰
    in 4 ml Blut 4,4 · 10^{-3} ml Alkohol
    in 1 000 ml x

    $$x = \frac{4,4 \cdot 10^3}{4 \cdot 10^3}$$

20. 95,4 % (V/V)

21. 0,05 g ad 25 ml

22. 24,5 % (m/V)

23. 7,9 % (m/V)

24. 18,75 %

25. 4606,4 (4606,383) g Ethanol 94 %
    393,6 (393,617) g Wasser

26. 25 %

27. 19,09 g NaCl

28. 111,1 (111,11) ml Lösung

29. 163 g/l

30. ja (3,65 %)

31. 4 ppm (m/V)

32. 2,00 g Stl.
    3,33 g Stl.
    4,67 g H_2O

33. 3,50 g Stl.
    58,33 g Stl.
    38,17 g H_2O

34. 20,00 g Stl.

35. 4,00 g Stl.
    2,50 g Stl.
    93,6 g H_2O

36. 10,00 g Stl.
    2,40 g Hv.
    20,00 g Hv.
    4,05 g Ungt. Alc. Lan.
    13,55 g H_2O

37. 5,00 g Stl.
    6,00 g Stl.
    19,61 g H_2O

38. 4,00 g Stl.
    2,50 g Stl.
    25,00 g Stl.
    20,00 g Stl.
    448,50 g H_2O

39. 1,20 g Hv.
    10,80 g Masse

9.4 ■ Ergebnisse der Übungsaufgaben zu physikalischen Messgrößen und Einheiten

1. a) 27,633 m
   b) 63,288 g
   c) 1769,982 ml

2. a) 1069,257 g
   b) 742 cm
   c) 5,96105843 m^3

3. a) $8{,}72 \cdot 10^{-4}$ km
   b) $2{,}78 \cdot 10^{7}$ µg
   c) $2{,}55 \cdot 10^{2}$ ml

4. a) 278 000 µg $2{,}78 \cdot 10^{5}$ µg
   b) 1 560 000 000 µg $1{,}56 \cdot 10^{9}$ µg

5. a) 2568 g $2{,}568 \cdot 10^{3}$ g
   b) 0,278 g $2{,}78 \cdot 10^{-1}$ g
   c) 0,0305 g $3{,}05 \cdot 10^{-2}$ g
   d) 0,005 g $5 \cdot 10^{-3}$ g

6. a)   3560 ml
   b) 130 000 ml

7. 0,707 mol · l^{-1}

8. a) 0
   b) 12

9. sauer: 0, 1, 5
   neutral: 7
   alkalisch: 11, 13

10. a) 10^0 mol · l^{-1}

    b) 10^{-1} mol · l^{-1}

    c) 10^{-5} mol · l^{-1}

    d) 10^{-7} mol · l^{-1}

11. a) 10^{-3} mol · l^{-1}

    b) 10^{-1} mol · l^{-1}

9.5 ■ Ergebnisse der Übungsaufgaben zu pharmazeutischen Messgrößen und Einheiten

1. 3 Esslöffel

2. 1500 Ampullen
   750 Ampullen

3. 3,5 Tabl.

4. 3 Teelöffel

5. 20 Tropfen

6. 120 ml

7. 6 ml

8. 0,145 g Natriumchlorid   3,89 ml isoton. Lösung

9. 0,04 g Borsäure   7,78 ml isoton. Lösung

10. Die Lösung ist leicht hypertonisch

11. 0,107 g Natriumchlorid   8,11 ml isoton. Lösung

12. 0,025 g Borsäure   8,61 ml isoton. Lösung

13. 0,035 g Borax   0,145 g Borsäure   0,356 ml isoton. Lösung

14. 30,938 g Glukose-Monohydrat
    100 ml isot. Lösung enthalten 0,9 g Natriumchlorid
    500 ml isot. Lösung enthalten 0,9 g · 5 = 4,5 g Natriumchlorid
    1 g Glukose ≙ osmot. 0,16 g Natriumchlorid
    x_1 g Glukose ≙ osmot. 4,5 g Natriumchlorid x_1 = 28,125 g Glukose
    180 : 198 = 28,125 : x_2 x_2 = 30,938 g Glukose-Monohydrat

15. 1,20 g Natriumchlorid   116,66 ml isoton. Lösung

16. 0,165 g Natriumchlorid   167 ml isoton. Lösung

17. 0,0724 g Natriumchlorid   1,96 ml isoton. Lösung

18. 0,626 g Borax   0,8 ml isoton. Lösung

19. 0,33 g Borsäure   1,69 ml isoton. Lösung

20. 0,342 g Borsäure   1 ml isoton. Lösung

21. 0,027 g Natriumchlorid   7,02 ml isoton. Lösung

22. 1,380 g Borsäure   23,33 ml isoton. Lösung

23. 0,165 g Borsäure   0,84 ml isoton. Lösung

24. 0,24 % Natriumchlorid

25. 43 mg Borsäure

26. 87 mg Natriumchlorid

27. 70 mg Natriumchlorid

28. 7,16 g Adeps solidus
    (0,944 · 2 · 6) − (0,5 · 6 · 0,72) − (0,5 · 6 · 0,67)

29. 21,28 Adeps solidus
    (1,172 · 2 · 10) − (0,3 · 10 · 0,72)

30. 1,293 g Ethanol
    Text, der unter 0,5 bis 3 g Alkohol auf Seite 76 angegeben ist.

31. 9 Kapseln (9,009)

32. 2 Tabletten

33. 729,17 mg

9.6 ■ Ergebnisse der Übungsaufgaben zu stöchiometrischen Berechnungen

1. $53{,}50 \text{ g} \cdot \text{mol}^{-1}$; $\quad 151{,}91 \text{ g} \cdot \text{mol}^{-1}$; $\quad 73{,}89 \text{ g} \cdot \text{mol}^{-1}$;
   $368{,}37 \text{ g} \cdot \text{mol}^{-1}$; $\quad 169{,}96 \text{ g} \cdot \text{mol}^{-1}$

2. 1,145 molar
   in 300 ml – x_1 g $FeSO_4 \cdot 7\, H_2O$
   in 1000 ml – x_2 g $FeSO_4 \,\hat{=}\, \dfrac{x_2}{278{,}05}$ mol

3. $0{,}154 \text{ mol} \cdot l^{-1}$
   $58{,}44 : 9 = 1 : x$

4. 19,87 % Fe; $\quad$ 17,11 % S; $\quad$ 59,78 % O; $\quad$ 3,23 % H

5. $K_4Fe(CN)_6$
   42,46 % K; $\quad$ 15,16 % Fe; $\quad$ 19,56 % C; $\quad$ 22,82 % N

6. C_2H_5OH
   52,13 % C

7. 45,58 % H_2O in $KAl(SO_4)_2 \cdot 12\, H_2O$

8. 157,413 g H_2O

9. $1 : 2 : 3 : 4 : 5$

10. 48,67 % H_2O

11. 51,17 %

12. 12 H_2O enthält $KAl(SO_4)_2$

13. 28 g Cl_2

14. 9,81 % S

15. a) 69,022 g K_2CO_3 $\quad$ b) 60,049 g K_2CO_3

16. 326,3 (326,264) g 15 % Lauge
    $H_2SO_4 + 2\, NaOH \rightarrow Na_2SO_4 + H_2O$

17. 40,19 (40,188) g Ag und 125,22 (125,221) g 25 % HNO_3
$3\,Ag + 4\,HNO_3 \rightarrow 3\,AgNO_3 + NO + 2\,H_2O$

$$m_1 : (3 \cdot 107{,}87) = \left(50 \cdot \frac{100}{79}\right) : (3 \cdot 169{,}88)$$

$$\left(m_2 \cdot \frac{25}{100}\right) : (4 \cdot 63{,}02) = \left(50 \cdot \frac{100}{79}\right) : (3 \cdot 169{,}88)$$

18. a) 54,88 (54,879) g 96 % H_2SO_4
    b) 88,58 % Ausbeute
    $Fe + H_2SO_4 + 7\,H_2O \rightarrow FeSO_4 \cdot 7\,H_2O + H_2$

$$\left(m_1 \cdot \frac{96}{100}\right) : 98{,}08 = 30 : 55{,}85$$

$m_2 : 278{,}05 = 30 : 55{,}85$
$m_2 \triangleq 100\,\%$
$132{,}3\,g \triangleq x\,\%$

19. 275,69 g

9.7 ■ Ergebnisse der Übungsaufgaben zur quantitativen Analyse

1. 10,176 l   HCl (0,1 mol · l^{-1})

2. 0,5 M
   $2\,HCl + Na_2CO_3 \rightarrow 2\,NaCl + H_2O + CO_2$

3. 1,269 g Iod

4. 19,60 ml   HCl (0,1 mol · l^{-1})
   20 · 1,035 · 0,947

5. 48,2 ml   HCl (0,02 mol · l^{-1})

6. 2 M

7. a) F = 1,040
   b) 39,60 ml H_2O
   c) 96,14 %

8. 99,82 %
   1 NaOH ≙ 1 H₃BO₃
   $$x = \frac{61{,}84 \cdot 17{,}4 \cdot 100}{1000 \cdot 1{,}078}$$

9. 87,15 %
   1 NaOH ≙ 1 HCOOH ≙ 2 NaIO₄ ≙ 1 C₃H₈O₃

10. 3,39 % NaOH

9.8 ■ Ergebnisse der Übungsaufgaben zur Preisbildung

1. 50 × 1,25   62,50 €
   −2 % Skonto   1,25 €
   _____
                          61,25 €   EK für 55 Tuben
   Netto-EK   1,11 €   (61,25 €: 55)

2. Netto-EK   1,55 €
                        + 0,39 €   (25 % von 1,55 €; aufgerundet)
   _____
                          1,94 €   Zwischensumme
                        + 0,37 €   19 % MwSt.
   _____
                          2,31 € VK

   Der Schwellenpreis kann nun beispielsweise auf 2,29 € festgelegt werden.

3. a) Rechnungsbetrag − 3 % = 97 %
                        x = 100 %

   $$x = \frac{100 \times 1\,357{,}50\,€}{97}$$

   x = 1 399,48 €

   Der Rechnungsbetrag ist 1 399,48 €.

   b) Rechnungsbetrag   1 399,49 €
      − Überweisungsbetrag   1 357,50 € (abzüglich 3 % Rabatt)
   _____
                             41,98 € Rabatt

   Der Rabatt beträgt 41,98 €.

4. | 16,32 € | VK einschließlich MwSt. (entspricht 119 %) |
    | − 2,61 € | MwSt. |

    | 13,71 € | VK ohne MwSt. (entspricht 100 %) |
    | − 8,10 € | Festbetrag |
    | − 0,17 € | Festzuschlag (3 % der Differenz von VK ohne MwSt. und Festbetrag) |

    | 5,44 € | EK |

5. a) 100 Packungen kosten 480,00 €
       1 Packung kostet 4,80 €

    480,00 € entsprechen 100 % Brutto-Rechnungsbetrag ohne MwSt.
    x €   entsprechen 6 %   Rabatt/Skonto

    x = 28,80 €

    | 480,00 € | Brutto-Rechnungsbetrag |
    | − 28,80 € | Barrabatt/Skonto |

    451,20 €   Netto-Rechnungsbetrag für 110 Packungen

    110 Packungen   451,20 €
    1 Packung   4,10 €

    b) Ersparnis in €:

    4,80 × 110 = 528,00 €   (Preis für 110 Packungen)
               − 451,20 €   (tatsächlich gezahlter Preis)

                 76,80 €   (Ersparnis)

    Ersparnis in %:

    528,00 €   100 %
     76,80 €   x %

    x = 14,55 % Ersparnis

9 Ergebnisse der Übungsaufgaben

6. Der Preis wird nach der am 01. Januar 2004 gültigen Fassung der Arzneimittelpreisverordnung berechnet:

    35,43 €   EK
+   1,06 €   Festzuschlag (3 %)
+   8,10 €   Festbetrag

    44,59 €   VK ohne MwSt.
+   8,47 €   19 % MwSt.

    53,06 €   VK

7.   1,95 €   (100 % Festzuschlag)
   + 1,32 €   (100 % Festzuschlag Tube 120 ml)

    3,27 €   VK
  + 0,62 €   19 % MwSt.

    3,89 €   VK

8.   0,86 €   90 % Festzuschlag Fruct. Foenicul.
  + 0,48 €   90 % Festzuschlag Fruct. Coriand. tot.
  + 0,34 €   90 % Festzuschlag Fruct. Carvi tot.
  + 0,32 €   90 % Festzuschlag Flachbeutel Gr. 13
  + 2,50 €   Rezepturzuschlag

    4,50 €   Zwischensumme
  + 0,86 €   19 % MwSt.

    5,36 €   VK

9.   0,97 €   90 % Festzuschlag Cort. Frangul.
  + 0,93 €   90 % Festzuschlag Herb. Millefolii
  + 1,18 €   90 % Festzuschlag Fol. Sennae
  + 0,19 €   90 % Festzuschlag Bodenbeutel 250,0
  + 2,50 €   Rezepturzuschlag

    5,77 €   Zwischensumme
  + 1,10 €   19 % MwSt.

    6,87 €   VK

10.   1,48 €   100 % Festzuschlag Tinct. Valerian.
    + 0,70 €   100 % Festzuschlag Tropfglas

      2,18 €   Zwischensumme
    + 0,41 €   19 % MwSt.

      2,59 €   VK

11.   3,33 €   90 % Festzuschlag Sem. Lini tot.
    + 0,32 €   90 % Festzuschlag Bodenbeutel gefüttert
    + 2,50 €   Rezepturzuschlag

      6,15 €   Zwischensumme
    + 1,17 €   19 % MwSt.

      7,32 €   VK

12.   9,73 €   90 % Festzuschlag Betnesol-V Salbe 10,0
    + 3,71 €   90 % Festzuschlag Ungt. molle
    + 1,25 €   90 % Festzuschlag Tube
    + 5,00 €   Rezepturzuschlag

     19,69 €   Zwischensumme
    + 3,74 €   19 % MwSt.

     23,43 €   VK

13.   0,23 €   90 % Festzuschlag Glycerinum
    + 0,02 €   90 % Festzuschlag Aqua purificata
    + 1,46 €   Qualitätszuschlag
    + 0,53 €   90 % Festzuschlag Tropfglas
    + 2,50 €   Rezepturzuschlag

      4,74 €   Zwischensumme
    + 0,90 €   19 % MwSt.

      5,64 €   VK

14.   2,08 € 90 % Festzuschlag Hydrocortison. acetic.
    + 0,02 € 90 % Festzuschlag Acid. sorbic.
    + 3,40 € 90 % Festzuschlag Ungt. emulsific. nonionic. aquos.
    + 1,46 € Qualitätszuschlag
    + 0,91 € 90 % Festzuschlag Tube
    + 5,00 € Rezepturzuschlag
    _____
      12,87 € Zwischensumme
    + 2,45 € 19 % MwSt.
    _____
      15,32 € VK

15.   0,15 € 90 % Festzuschlag Tetracain. hydrochloric.
    + 0,02 € 90 % Festzuschlag Natr. chlorat.
    + 0,02 € 90 % Festzuschlag Chlorhexidin. acetic.
    + 0,13 € 90 % Festzuschlag Aqua ad iniectabilia
    + 8,40 € 90 % Festzuschlag Augentropfenglas (2 × 10 ml)
    + 7,00 € Rezepturzuschlag
    _____
      15,72 € Zwischensumme
    + 2,99 € 19 % MwSt.
    _____
      18,71 € VK

16.   0,21 € 90 % Festzuschlag Calc. gluconic.
    + 0,06 € 90 % Festzuschlag Chlorhexidin. acetic.
    + 0,70 € 90 % Festzuschlag Hypromellosum 2000
    + 0,23 € 90 % Festzuschlag Propylenglycol.
    + 0,13 € 90 % Festzuschlag Aqua purificata
    + 1,46 € Qualitätszuschlag
    + 1,43 € 90 % Festzuschlag Weithalsglas
    + 5,00 € Rezepturzuschlag
    _____
      9,22 € Zwischensumme
    + 1,75 € 19 % MwSt.
    _____
      10,97 € VK

9.8 Ergebnisse der Übungsaufgaben zur Preisbildung

17.   0,29 €   90 % Festzuschlag Acid. phosphoric. conc.
    + 0,02 €   90 % Festzuschlag Glycerinum
    + 0,49 €   90 % Festzuschlag Silic. dioxydat. colloid.
    + 0,02 €   90 % Festzuschlag Methylthion. chlorat.
    + 0,02 €   90 % Festzuschlag Aqua purificata
    + 1,46 €   Qualitätszuschlag
    + 0,91 €   90 % Festzuschlag Weithalsglas
    + 5,00 €   Rezepturzuschlag

      8,21 €   Zwischensumme
    + 1,56 €   19 % MwSt.

      9,77 €   VK

18.   2,66 €   90 % Festzuschlag Progesteron.
  +   2,76 €   90 % Festzuschlag Polyaethylenglygcol. (*Macrogol*)   400
  +   2,28 €   90 % Festzuschlag Polyaethylenglygcol. (*Macrogol*) 6000
  +   1,12 €   90 % Festzuschlag Kruke
  + 14,00 €   Rezepturzuschlag

    22,82 €   Zwischensumme
  +   4,34 €   19 % MwSt.

    27,16 €   VK

19.   0,02 €   90 % Festzuschlag Natr. carbonic. sicc.
    + 0,06 €   90 % Festzuschlag Glycerinum anhydric.
    + 0,02 €   90 % Festzuschlag Aqua purificata
    + 1,46 €   Qualitätszuschlag
    + 1,20 €   90 % Festzuschlag Pipettenglas
    + 2,50 €   Rezepturzuschlag

      5,26 €   Zwischensumme
    + 1,00 €   19 % MwSt.

      6,26 €   VK

20.
0,11 €	90 %	Festzuschlag Cholesterin. pur.
+ 0,06 €	90 %	Festzuschlag Vasel alb.
+ 0,04 €	90 %	Festzuschlag Paraff. subliquid.
+ 0,68 €	90 %	Festzuschlag Tube
+ 7,00 €		Rezepturzuschlag

7,89 €	Zwischensumme
+ 1,50 €	19 % MwSt.

9,39 €	VK

10 Tabellen

10.1 ■ Relative Atommassen (auf 2 Dezimalstellen gerundet)

Symbol	Name	A_r	Name	Symbol	A_r
Ag	Argentum	107,87	Aluminium	Al	26,98
Al	Aluminium	26,98	Barium	Ba	137,34
B	Bor	10,81	Blei	Pb	207,19
Ba	Barium	137,34	Bor	B	10,81
Br	Brom	79,91	Brom	Br	79,91
C	Carboneum	12,01	Calcium	Ca	40,08
Ca	Calcium	40,08	Chlor	Cl	35,45
Cl	Chlor	35,45	Chrom	Cr	52,00
Cr	Chrom	52,00	Eisen	Fe	55,85
Cu	Cuprum	63,55	Fluor	F	19,00
F	Fluor	19,00	Iod	I	126,90
Fe	Ferrum	55,85	Kalium	K	39,10
H	Hydrogenium	1,01	Kohlenstoff	C	12,01
Hg	Hydrargyrum	200,59	Kupfer	Cu	63,55
I	Iod	126,90	Lithium	Li	6,94
K	Kalium	39,10	Magnesium	Mg	24,31
Li	Lithium	6,94	Mangan	Mn	54,94
Mg	Magnesium	24,31	Natrium	Na	22,99
Mn	Mangan	54,94	Phosphor	P	30,97
N	Nitrogenium	14,01	Quecksilber	Hg	200,59
Na	Natrium	22,99	Sauerstoff	O	16,00
O	Oxygenium	16,00	Schwefel	S	32,06
P	Phosphor	30,97	Silber	Ag	107,87
Pb	Plumbum	207,19	Stickstoff	N	14,01
S	Sulfur	32,06	Wasserstoff	H	1,01
Zn	Zincum	65,37	Zink	Zn	65,37

10.2 ■ Natriumchlorid-Äquivalente

1 g Substanz	entspricht osmotisch g NaCl	ml isoton. Lösung
Acidum ascorbicum	0,18	19,99
Acidum boricum	0,50	55,55
Adrenalin. bitartaric.	0,18	19,99
Antazolin. hydrochloric.	0,19	21,11
Argent. proteinic. (Protargol)	0,05	5,55
Atrop. sulfuric.	0,13	14,44
Bacitracin.	0,05	5,55
Calc. chlorat. (Dihydrat)	0,68	75,55
Calc. chlorat. (Hexahydrat)	0,35	38,88
Carbachol.	0,36	40,00
Chloramphenicolum	0,10	11,11
Chloramphenicol. natrium succinic.	0,14	15,55
Chlortetracyclin. hydrochloric. (Aureomycin)	0,09	10,00
Cocain. hydrochloric.	0,16	17,78
Dexamethason. natrium phosphoric.	0,17	18,89
Diphenhydramin. hydrochloric.	0,28	31,11
Ephedrin. hydrochloric.	0,28	31,11
Glucosum	0,16	17,78
Hydrocortison. natrium succinic.	0,15	16,67
Kalium iodat.	0,35	38,88
Kalium nitric.	0,56	62,23
Lidocain. hydrochloric.	0,21	23,33
Naphazolin. hydrochloric.	0,24	26,66
Naphazolin. nitric.	0,21	23,33
Natr. hydrogencarbonic.	0,65	72,00
Natr. bisulfurosum	0,61	68,00
Natr. iodat.	0,38	42,22
Natr. nitric.	0,67	74,44
Natr. phosphoric ($Na_2HPO_4 \cdot 2\,H_2O$)	0,41	45,55
Natr. tetraboric. (Borax) (Decahydrat)	0,42	46,66
Neomycin. sulfuric.	0,11	12,22
Neostigmin. bromat.	0,18	19,99
Phenylephrin. hydrochloric.	0,32	35,55
Physostigmin. salicylic. (Eserin. salcyclic.)	0,16	17,78
Pilocarpin. hydrochloric./nitric.	0,22	24,44
Prednisolon. natr. sulfuric.	0,15	16,67
Procain. hydrochloric.	0,21	23,33
Scopolamin. hydrobromic.	0,12	13,33
Tetracain. hydrochloric.	0,19	21,11
Thiomersalum	0,09	10,00
Tolazolin. hydrochloric.	0,29	32,22
Zinc. sulfuric. (Heptahydrat)	0,15	16,67

10.3 ■ Gefrierpunktserniedrigungen der Arzneistoffe

Stoff	Gefrierpunktserniedrigung [°C]
Aluminiumkaliumsulfat-Dodecahydrat	0,08
Antazolinhydrochlorid	0,11
Ascorbinsäure	0,10
Atropinsulfat-Monohydrat	0,07
Bacitracin	0,03
Benzylalkohol	0,10
Benzylpenicillin-Natrium	0,10
Borsäure	0,28
Calciumchlorid-Dihydrat	0,30
Calciumchlorid-Hexahydrat	0,20
Carbachol	0,20
Cefazolin-Natrium	0,08
Cefotaxim-Natrium	0,08
Chloramphenicolhydrogensuccinat-Natrium	0,08
Chlortetracyclinhydrochlorid	0,06
Ciprofloxacinhydrochlorid	0,05
Clonidinhydrochlorid	0,13
Cocainhydrochlorid	0,09
Dexamethasondihydrogenphosphat-Dinatrium	0,10
Dexpanthenol	0,09
Diphenhydraminhydrochlorid	0,12
Epinephrinhydrogentartrat	0,11
Flucloxacillin-Natrium	0,08
Fluorescein-Dinatrium	0,18
Fructose	0,10
Gentamicinsulfat	0,04
Wasserfreie Glukose	0,10
Glukose-Monohydrat	0,09
Harnstoff	0,33
Homatropinhydrobromid	0,10
Hydrocortisonhydrogensuccinat-Natrium	0,09
Kaliumchlorid	0,43
Kaliumiodid	0,20
Kaliumnitrat	0,32
Lidocainhydrochlorid-Monohydrat	0,12
Methylatropiniumnitrat	0,10
Morphinhydrochlorid-Trihydrat	0,08
Naphazolinhydrochlorid	0,14
Naphazolinnitrat	0,12
Natriumacetat-Trihydrat	0,26
Natriumchlorid	0,58
Natriumdihydrogenphosphat-Dihydrat	0,21
Natriumedetat-Dihydrat	0,15
Natriumhydrogencarbonat	0,38

10 Tabellen

Stoff	Gefrierpunktserniedrigung [°C]
Natriumiodid	0,22
Natriummonohydrogenphosphat-Dodecahydrat	0,13
Natriumnitrat	0,40
Natriumtetraborat-Decahydrat	0,28
Neomycinsulfat	0,06
Neostigminbromid	0,12
Oxytetracyclinhydrochlorid	0,08
Phenylephrinhydrochlorid	0,19
Physostigminsalicylat	0,09
Pilocarpinhydrochlorid	0,14
Pilocarpinnitrat	0,14
Polymyxin-B-sulfat	0,05
Prednisolonhydrogensuccinat-Natrium	0,09
Procainhydrochlorid	0,12
Scopolaminhydrobromid-Trihydrat	0,07
Silbereiweiß	0,05
Boraxfreies Silbereiweiß-Acetyltannat	0,15
Boraxhaltiges Silbereiweiß-Acetyltannat	0,10
Silbernitrat	0,19
Sulfacetamid-Natrium-Monohydrat	0,14
Sulfadiazin-Natrium	0,13
Tetracainhydrochlorid	0,11
Zinksulfat-Heptahydrat	0,09

10.4 ■ Verdrängungsfaktoren der Arzneistoffe

Stoff	Verdrängungsfaktor f
Acetylsalicylsäure	0,67
Eingestellter Aloetrockenextrakt	0,65
Basisches Aluminiumacetat	0,59
Aluminiumchlorid-Hexahydrat	0,53
Amorbarbital	0,81
Atropinsulfat-Monohydrat	0,74
Baldrianwurzeltrockenextrakt	0,62
Eingestellter Belladonnablättertrockenextrakt	0,63
Benzocain	0,83
Betamethasonvalerat	0,92
Bisacodyl	0,76
Basisches Bismutgallat	0,37

10.4 Verdrängungsfaktoren der Arzneistoffe

Stoff	Verdrängungsfaktor f
Basisches Bismutnitrat	0,20
Butoxycainhydrochlorid	0,82
Butylscopolaminiumbromid	0,70
Chlortheophyllin	0,60
Cinchocainhydrochlorid	0,79
Codein-Monohydrat	0,74
Codeinphosphat-Hemihydrat	0,69
Dexamethason	0,71
Diazepam	0,70
Diclofenac-Natrium	0,64
Dimenhydrinat	0,75
Diphenhydraminhydrochlorid	0,82
Docusat-Natrium	0,82
Doxylaminhydrogensuccinat	0,74
Ephedrinhydrochlorid	0,76
Ergotamintartrat	0,77
Erythromycin	0,79
Estradiolbenzoat	0,78
Estriol	0,75
Ethenzamid	0,74
Fomocainhydrochlorid	0,76
Gereinigtes Wasser (bis 25 Prozent (m/m))	1.00
Hamamelisextrakt	0,66
Heparin-Natrium	0,56
Hydrocortison	0,79
Hydrocortisonacetat	0,73
Ibuprofen	0,90
Indometacin	0.68
Lactose-Monohydrat	0,62
Lidocainhydrochlorid-Monohydrat	0,81
Metamizol-Natrium-Monohydrat	0,70
Methylatropiniumnitrat	0,77
Methylscopolaminiumbromid	0,65
Metoclopramid	0,73
Metoclopramidhydrochlorid	0,74
Morphinhydrochlorid-Trihydrat	0,80
Naproxen	0,70
Natriumdihydrogenphosphat-Dihydrat	0,47
Natriumhydrogencarbonat	0,46
Neomycinsulfat	0.79
Nystatin	0.77
Oxazepam	0.63
Papaverinhydrochlorid	0,72
Paracetamol	0,72
Phenazon	0,75
Phenobarbital	0,68
Phenobarbital-Natrium	0,68
Phenylbutazon	0,83
Prednisolon	0,70

Stoff	Verdrängungsfaktor f
Prednisolonacetat	0,75
Prednison	0,75
Procainhydrochlorid	0,80
Progesteron	0,85
Propyphenazon	0.84
Pyridoxinhydrohlorid	0.69
Salicylamid	0,70
Sulfanilamid	0,62
Sulfathiazol	0,61
Zinkoxid	0.16

Stichwortverzeichnis
Praxisbezogenes Rechnen

Die Stichworte stehen im Singular und so, wie sie im Sprachgebrauch verwendet werden, also »apothekenübliche Ware«, nicht »Ware, apothekenübliche«. Umlaute ä, ö, ü siehe ae, oe, ue.

A

Abkürzung 11
Abrunden 23
Addition 14, 16, 26, 28
Apothekenpflichtiges Fertigarzneimittel 109
Apothekenübliche Ware 106
Arabische Schreibweise 13, 28
Arithmetisches Mittel 22
Arzneimittelpreis 106
Arzneimittelwarnhinweis-Verordnung 76
Atommasse 82, 144
Aufrunden 24
Augentropfen 68
Ausbeute 89
Avogadro'sche Zahl 82

B

Basis 25
Basisgröße 56
Betäubungsmittelgebühr 122
Biologische Einheit 77, 81
Bruch 15, 20, 29

D

Dekadisches Zahlensystem 14
Dezimalzahl 19
Direkte proportionale Zuordnung 32
Division 19, 27, 29
Dosierung 65
Dosierungsberechnung 78
Dosierungsmaß 64
Dreisatz 31

E

Eichwert 73
Einheit 77
E-Wert 68
Exponent 25

F

Faktor 97
Fertigarzneimittelpreis 108
– in Rezeptur 120

G

Gebühr 121
Gefäßpreis 113
Gefrierpunktserniedrigung 71
Gehaltsbestimmung 94
Gesetz
– der konstanten Proportionen 85
– der multiplen Proportionen 85
– der ganzzahligen Volumenverhältnisse 86
– von der Erhaltung der Masse 85
Gravimetrie 94, 95
Grundrechenart 14
Grundwert 39, 42

H

Hilfstaxe 111
Hilfsverreibung 49
Höchstdosis 67
hypertonisch 67
hypotonisch 67

Stichwortverzeichnis

I

Indirekte (umgekehrt) proportionale Zuordnung 34
Internationale Einheit 77
Internationales Einheitensystem 56
Isotonie 67
Isotonieberechnung 79

K

Kind 66
Klammer 18, 21, 29
Konzentrationsangabe 44
Kürzen 16

M

Maßanalyse 94, 96
Maßanalytische Gehaltsbestimmung 99
Massenprozent 44
Massen-/Volumenprozent 46
Mathematische Abkürzung 11
Mathematisches Zeichen 11
Maximaldosis 67
Messgenauigkeit 94
Milligramm-Prozent 47
Mittelwertbestimmung 22, 30
mol 82
Molalität 60
Molar 59
Molare Masse 83
Molares Volumen 83
Molarität 58
Molekülmasse 82
Multiplikation 19, 27, 29

N

Natriumchlorid-Äquivalent 68, 145
Nenner 15
Normalität 60
Normdosis 67
Notdienstgebühr 121

O

Osmotischer Druck 67

P

Pharmazeutische
– Einheit 64

– Messgröße 64
pH-Wert 60, 63
Physikalische
– Einheit 56
– Messgröße 56
Potenzrechnung 25, 30
ppm 48
Präfix 57
Preisbildung 106
Promille 47
Promillerechnung 39
Proportion 31
Proportionalitätsfaktor 35
Prozentrechnung 39
Prozentsatz 39, 41
Prozentwert 39, 40

Q

Quantitative Analyse 94

R

Relative
– Atommasse 82, 144
– Molekülmasse 82
– Zahl 17, 21, 29
Rezepturpreis 116
Rezepturzuschlag 116, 119
Richtdosis 66
Römische Schreibweise 13, 28
Rundung 23, 116

S

SI-Einheit 56
SI-Präfix 57
Sonderbeschaffung 122
Sprechstundenbedarf 118
Stammlösung 49
Stoffmenge 82
Stoffmengenkonzentration 58, 84
Stoffpreis 111
Stöchiometrie 82
Stöchiometrische Berechnung 86, 88
Subtraktion 14, 16, 26, 28
Suppositorium 73

T

Taschenrechner 22
Taxhilfe 119

Titer 97
Titration 97

U

Überschlagsrechnung 24
Übungsaufgabe
– Arzneimittelwarnhinweis 81
– Biologische Einheit 81
– Dosierungsberechnung 78
– Dreisatz 36
– Ergebnis Grundrechenart 126
– Ergebnis pharmazeutische Messgröße 133
– Ergebnis physikalische Messgröße 132
– Ergebnis Preisbildung 137
– Ergebnis Proportion 128
– Ergebnis Prozentrechnung 129
– Ergebnis quantitative Analyse 136
– Ergebnis stöchiometrische Berechnung 135
– Grundrechenart 28
– Hilfsverreibung 54
– Isotonieberechnung 79
– Maßanalyse 103
– Pharmazeutische Einheit 75
– Pharmazeutische Messgröße 75
– Physikalische Messgröße 62
– Preisbildung 122
– Promillerechnung 51
– Proportion 36
– Prozentrechnung 51
– Stammlösung 54
– Stöchiometrische Berechnung 92
– Verdrängungsfaktor 81
Urtitersubstanz 97

V

Verdrängungsfaktor 73, 81, 147
Vermehrter Grundwert 42
Verminderter Grundwert 42
Verschreibungspflichtiges Fertigarzneimittel 108
Volumenprozent 45
Volumen-/Massenprozent 46
Volumetrische Lösung 97

W

Warnhinweisverordnung 76, 81

Z

Zähler 15
Zäpfchen 73
Zehnerpotenz 25, 30
Zehnersystem 14